花卉园艺师职业技能培训教材

四级花卉园艺师培训教程

(中级技能)

国家林业局职业技能鉴定指导中心
中国花卉协会 组编

中国林业出版社

图书在版编目（CIP）数据

四级花卉园艺师培训教程：中级技能/国家林业局职业技能鉴定指导中心，中国花卉协会组编. －北京：中国林业出版社，2007.2（2016.8重印）
花卉园艺师职业技能培训教材
ISBN 978－7－5038－4604－5

Ⅰ.四... Ⅱ.①国...②中... Ⅲ.花卉－观赏园艺－技术培训－教材 Ⅳ.S68

中国版本图书馆 CIP 数据核字（2007）第 001254 号

出版：中国林业出版社出版（100009 北京西城区刘海胡同 7 号）
E-mail：Lucky70021@sina.com
电话：010-83143520
发行：新华书店北京发行所
印刷：北京昌平百善印刷厂
印次：2016 年 8 月第 1 版第 5 次印刷
开本：787mm×960mm 1/16
印张：13 插页：8
字数：270 千字
印数：3000 册
定价：28.00 元

前　言

我国花卉产业的快速发展，对从业人员的基本素质提出了更高的要求。对从业人员的职业资格认定和技能等级考核，是促进人才素质提高的国际通用做法。

2004年，在国家劳动和社会保障部的指导下，由国家林业局职业技能鉴定指导中心和中国花卉协会主持编写的《花卉园艺师国家职业标准》正式颁布施行。为配合本标准的施行，国家林业局职业技能鉴定指导中心和中国花卉协会组织编写了《花卉园艺师职业技能培训教材》，旨在为各地组织培训和鉴定考核提供参考。

本培训教材遵循《花卉园艺师国家职业标准》，贴近我国花卉产业发展的现状，考虑我国花卉产业的地域多样性，以能力为本位，兼顾知识的系统性，强化技能的实用性，力求为相关行业的从业者提供有效的帮助。

本培训教材按《花卉园艺师国家职业标准》规定的五个等级编写。每个等级中，基本包括基础知识、花卉生产设施建设及设备使用、花卉的分类与识别、花卉种子（种苗、种球）生产、花卉栽培管理、花卉应用与绿化施工等内容，分别以基础知识篇及第一至第五篇列出。其中一、二级中，删除了基础知识篇，增加了第六篇培训与指导。在不同级别之间，同一篇的内容既有逻辑上的联系，又有层次上的递进，即由五级至一级，内容逐渐加深。在同一级别内，各篇之间的内容既各成体系，又互相联系。各章附有学习目的、本章小结和复习与思考，以帮助读者学习。

本培训教材，共分五册。五级、四级、三级、二级、一级各一册。另外，为便于读者使用，另附彩色植物识别图谱，以便识别。

本培训教材由国家林业局职业技能鉴定指导中心和中国花卉协会组织编写。成海钟任主编，孔海燕任副主编，基础知识篇由孔海燕、朱旭东编写，第一篇由周玉珍、田松青编写，第二篇由潘文明、陈立人编写，第三篇由李瑞昌、吴亚芹编写，第四篇由唐行、姚连芳编写，第五篇由尤伟忠、周军编写，第六篇由成海钟、毛安元编写。编写提纲和初稿由王莲英、王殿富、陈建、蔡曾煜和舒大慧审稿，全书由成海钟统一审定。

本教材具有较强的实用性和可操作性。它不仅可以作为花卉行业职业资格认定和技能等级鉴定的主要教材，也可以作为职业教育"双证融通"的教学参考用书。

本教材初次按职业技能等级编写，涉及多学科和多工种，如有不当，敬请指正，以臻完善。

编　者

2007年1月

目 录

前 言

基础知识

第一章　植物与植物生理 …………………………………………… (2)
　　第一节　植物细胞的结构与功能 ………………………………… (2)
　　第二节　植物的组织与器官 ……………………………………… (4)
　　第三节　植物形态术语 …………………………………………… (6)
　　第四节　植物生育周期 …………………………………………… (13)
　　第五节　植物的地理分布 ………………………………………… (15)

第二章　花卉学知识 ………………………………………………… (17)
　　第一节　花卉的概念 ……………………………………………… (17)
　　第二节　花卉的分类方法及其分类 ……………………………… (18)
　　第三节　花卉的商品类别 ………………………………………… (20)

第三章　土壤、基质与肥料 ………………………………………… (24)
　　第一节　土壤的组成与土壤肥力 ………………………………… (24)
　　第二节　土壤的分类及其特性 …………………………………… (26)
　　第三节　常用基质材料的种类及性质 …………………………… (27)

第四章　植物保护 …………………………………………………… (30)
　　第一节　花卉病虫害种类及其识别 ……………………………… (30)
　　第二节　花卉病虫害的发生及其控制 …………………………… (34)

第五章　相关政策与法规 …………………………………………… (38)
　　第一节　《中华人民共和国劳动法》相关知识 ………………… (38)
　　第二节　《中华人民共和国环境保护法》相关知识 …………… (39)
　　第三节　《中华人民共和国种子法》相关知识 ………………… (40)
　　第四节　《中华人民共和国森林法》相关知识 ………………… (41)
　　第五节　《中华人民共和国植物新品种保护条例》相关知识 …… (43)

  第六节　《中华人民共和国进出境动植物检疫法》相关知识……(44)
  第七节　WTO相关知识………………………………………………(45)

第六章　产品质量标准………………………………………………(47)
  第一节　主要花卉产品等级……………………………………………(47)
  第二节　林木种子检验规程（GB2772—1999）………………………(49)
  第三节　主要造林树种苗木质量分级（GB6000—1999）……………(49)
  第四节　育苗技术规程（GB6001—85）………………………………(50)
  第五节　城市绿化管理条例……………………………………………(50)

第七章　安全生产……………………………………………………(52)
  第一节　花卉栽培设施安全使用知识…………………………………(52)
  第二节　安全用电知识…………………………………………………(53)
  第三节　手动工具与机械设备的安全使用知识………………………(53)
  第四节　农药、肥料、化学药品的安全使用和保管知识……………(55)

四级花卉园艺师相关知识

第一篇　花卉生产设施建设及设备使用

第一章　生产设备的准备……………………………………………(61)
  第一节　土壤质地及其改良……………………………………………(61)
  第二节　栽培基质的配制………………………………………………(63)

第二章　温室设备……………………………………………………(67)
  第一节　温室设备的种类及功能………………………………………(67)
  第二节　温室设备常见故障及其排除…………………………………(73)

第三章　植保与灌溉设备……………………………………………(75)
  第一节　植保机具的使用和维护………………………………………(75)
  第二节　灌溉设备的使用及维护………………………………………(77)

第二篇　花卉的分类与识别

第一章　花卉的分类…………………………………………………(84)
  第一节　花卉分类的植物学基础………………………………………(84)

第二节　按生物学性状分类 ………………………………… (89)
第二章　花卉的识别 …………………………………………… (92)
　　第一节　一、二年生花卉的识别 …………………………… (92)
　　第二节　多年生草本花卉的识别 …………………………… (97)
　　第三节　木本花卉的识别 …………………………………… (105)
　　第四节　水生花卉的识别 …………………………………… (109)

第三篇　花卉种苗（种子、种球）生产

第一章　种子（苗）、苗木品质检验 …………………………… (112)
　　第一节　花卉种子识别 ……………………………………… (112)
　　第二节　种子的品质检验 …………………………………… (113)
　　第三节　苗木质量的评价与分级 …………………………… (116)
第二章　扦插育苗 ……………………………………………… (118)
　　第一节　扦插材料的繁殖 …………………………………… (118)
　　第二节　植物生长调节剂 …………………………………… (120)
第三章　嫁接育苗 ……………………………………………… (123)
　　第一节　砧木和采穗母本的培育 …………………………… (123)
　　第二节　仙人掌类植物和菊花的嫁接 ……………………… (124)

第四篇　花卉栽培与管理

第一章　花卉露地栽培 ………………………………………… (128)
　　第一节　露地花卉的生育特性 ……………………………… (128)
　　第二节　花卉露地栽培技术 ………………………………… (129)
第二章　花卉设施栽培 ………………………………………… (133)
　　第一节　温室花卉的生育特性 ……………………………… (133)
　　第二节　花卉设施栽培技术 ………………………………… (133)
第三章　切花栽培 ……………………………………………… (138)
　　第一节　切花常规栽培技术 ………………………………… (138)
　　第二节　切花的采收、分级与包装 ………………………… (140)
第四章　花卉无土栽培 ………………………………………… (143)
　　第一节　无土栽培的形式与特点 …………………………… (143)

第二节　无土栽培的基质制备 …………………………………… (144)
　　第三节　无土栽培营养液的制备 ………………………………… (145)
　　第四节　无土栽培的常规技术 …………………………………… (147)
第五章　花卉整形修剪 ………………………………………………… (150)
　　第一节　花灌木的常规整形修剪 ………………………………… (150)
　　第二节　行道树、景观树的修剪 ………………………………… (152)
第六章　草坪建植与养护 ……………………………………………… (155)
　　第一节　景观草坪的建植 ………………………………………… (155)
　　第二节　景观草坪的养护管理 …………………………………… (157)
第七章　花卉栽培肥水管理 …………………………………………… (160)
　　第一节　施肥配方与配方施肥 …………………………………… (160)
　　第二节　化学除草剂的类型及其使用技术 ……………………… (162)
第八章　花卉病虫害防治 ……………………………………………… (165)
　　第一节　花卉病虫害的防治原理与方法 ………………………… (165)
　　第二节　农药的种类与选择 ……………………………………… (168)
　　第三节　常用农药的配制与使用技术 …………………………… (169)
　　第四节　花卉常见病虫害的防治 ………………………………… (171)

第五篇　花卉应用与绿化施工

第一章　切花应用 ……………………………………………………… (176)
　　第一节　切花的种类及特点 ……………………………………… (176)
　　第二节　切花的保鲜与贮藏 ……………………………………… (178)
　　第三节　插花及切花装饰 ………………………………………… (180)
第二章　室内植物布置 ………………………………………………… (186)
　　第一节　室内盆栽植物布置 ……………………………………… (186)
　　第二节　室内盆栽植物的养护 …………………………………… (188)
第三章　绿化施工 ……………………………………………………… (191)
　　第一节　绿化施工技术规程 ……………………………………… (191)
　　第二节　绿化施工的方法 ………………………………………… (196)

主要参考文献 …………………………………………………………… (200)

基础知识

第一章

植物与植物生理

> **学习目标**
>
> 掌握植物的基本形态和术语，熟悉植物的生育周期和地理分布，了解植物细胞和组织的结构与功能。

第一节 植物细胞的结构与功能

一、植物细胞的定义

植物细胞是植物体结构和功能的基本单位。自然界所有的植物都是由细胞组成的。单细胞植物的个体只是一个细胞，植物的全部生命活动都是由这一细胞来完成；多细胞植物的个体是由许多细胞组成的，所有的细胞分工协作，密切联系，共同完成植物体的整个生命活动。植物的生长、发育和繁殖都是细胞不断进行生命活动的结果。

二、植物细胞的基本结构

一般生活的高等植物细胞是由细胞壁和原生质体两部分组成。细胞壁是包被原生质体的外壳，对原生质体有保护作用。细胞壁可分胞间层、初生壁和次生壁三层，但并非每个细胞都有三层壁。原生质体是细胞内有生命活动部分的总称，可分为细胞质和细胞核。细胞质的最外层是细胞膜，它是生物膜的一种。细胞膜内充满了不具结构特征的胞基质，其内分布着不同类型的细胞器，如线粒体、质体、内质网、高尔基体等。细胞核也在胞基质中，不过它比其他细胞器大得多，并已分化为核膜、核质和核仁。细胞核对细胞来说特别重要，是细胞生命活动的控制中心。原生质体在其生命活动中产生后含物。在后含物中，淀粉、脂肪和蛋白质是贮藏的重要营养物质（图基-1）。

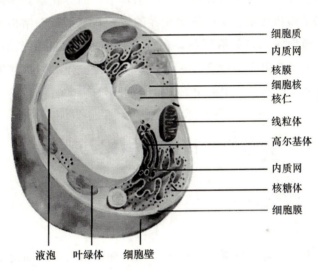

图基-1 植物细胞显微结构

三、植物细胞的繁殖

细胞繁殖主要以分裂方式进行，分裂方式有无丝分裂、有丝分裂和减数分裂三种。

无丝分裂也称直接分裂，在低等植物中普遍存在。无丝分裂的分裂过程简单、快速，没有纺锤丝出现，常见方式为横缢、出芽、碎裂等。

有丝分裂是细胞最普遍最常见的一种分裂方式，植物的营养器官如根、茎的伸长和增粗是靠这种分裂方式来增加细胞的。有丝分裂的分裂过程可分为间期、前期、中期、后期、末期五个时期。经过一次有丝分裂，一个母细胞分裂为两个子细胞，每个细胞的染色体数目与母细胞的相同。

减数分裂是一种特殊的细胞分裂方式，细胞连续分裂两次，而染色体只分裂一次，一个母细胞经减数分裂产生 4 个子细胞，每个子细胞的染色体数目只有原来母细胞的一半。被子植物中花粉母细胞和胚囊母细胞的分裂方式为减数分裂。减数分裂导致产生单倍体的精子和卵细胞。

四、植物细胞的生长、分化和全能性

细胞的生长表现为体积和重量的增加，细胞的分化是指多细胞有机体内的细胞在结构和功能上变成彼此互异的过程，包括形态结构和生理生化上的分化。植物的大多数活细胞，在适当条件下都能由单个细胞经分裂、生长、分化形成一个完整植株，这种现象或能力，称之为植物细胞的全能性。全能性在生产实践和组织培养中具有一定的作用。

第二节 植物的组织与器官

一、植物的组织

高等植物为了适应环境，其体内分化出许多根据生理功能不同，形态结构相应发生变化的细胞组合。这些形态结构相似，担负一定生理功能的细胞组合，称为组织。这些组织之间有机配合，紧密联系，形成各种器官。

植物组织依其生理功能和形态结构的分化特点，可分为分生组织和成熟组织两大类。位于植物的生长部位，具有持续或周期性分裂能力的细胞群，称为分生组织。分生组织的细胞排列紧密，细胞壁薄，细胞核相对较大，细胞质浓，细胞器丰富。根据分生组织在植物体内的位置不同，可将分生组织分为顶端分生组织、侧分生组织和居间分生组织三类。分生组织分裂产生的细胞，经生长、分化后，逐渐丧失分裂能力，形成各种具有特定形态结构和生理功能的组织，这些组织称为成熟组织。根据生理功能的不同，成熟组织可再分为保护组织、薄壁组织、机械组织和输导组织（图基-2）。

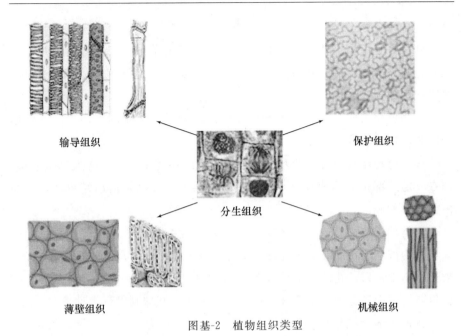

图基-2　植物组织类型

一些高等植物体内由初生韧皮部和初生木质部及其周围紧接着的机械组织所构成的束，称为维管束。维管束贯穿在各器官中，形成一个复杂的维管束系统，具有输导和支持等作用。

二、植物的器官

所谓植物器官，就是由多种组织构成的、能行使一定功能的结构单位。一株绿色开花植物，是由根、茎、叶、花、果实和种子六种器官构成的。根、茎、叶与植物体的营养有关，叫做营养器官；花、果实、种子与植物体的繁殖有关，叫做繁殖器官。

根是植物体的地下营养器官，它的主要功能是使植物固定在土壤中，并从土壤中吸收水分和无机盐，合成植物生长所需激素和多种氨基酸，再输送到地上部供生长需要。

植物的茎是由机械组织、输导组织等构成的，其主要功能是支持和输导。茎支持叶、花、果实，使叶片接受充分的阳光，有利于光合作用和蒸腾作用；使花在枝条上更好地开放，以利于传粉和果实、种子的传播；担负着植物体的输导作用，将根系吸收的水分、无机盐以及根合成或贮藏的营养物质输送到枝、叶和其他部分，把叶同化的有机物输送到根和其他部分。

叶是高等植物重要的营养器官，生长在茎的节部。完整叶由叶片、叶柄和托叶三部分组成。叶片扁平、绿色，它的主要生理功能是光合作用、蒸腾作用和气体交换。

有些植物的根、茎、叶还具有贮藏营养物质和繁殖的作用，广泛应用于园艺植物的营养繁殖。

种子植物在营养生长的基础上，在适宜的环境条件下，转入生殖生长，即在一定的部位上形成花芽，然后开花、传粉、受精，最后结果实，果实内包藏着种子。

花是种子植物为适应生殖功能而节间极度缩短的一种变态的枝条。一朵典型的被子植物的花是由花托、花萼、花冠、雄蕊、雌蕊五部分组成的。被子植物受精后，花的各部分发生很大的变化。花萼、花冠一般脱落，雄蕊也萎谢，而雌蕊中的子房开始增大形成果实，胚珠则发育为种子。

在植物学上把单纯由子房发育成的果实，称为真果，如桃、紫荆等；有些植物除了子房外还由花托、花萼、花冠等甚至整个花序共同发育形成的果实，称为假果，如苹果、桑葚等。真果的结构比较简单，外为果皮，内含种子。

种子包括胚、胚乳和种皮三部分。胚是种子最重要的部分，是包在种子内的幼小植物体，它由胚芽、胚根、胚轴和子叶四部分组成。种子在获得适当的水分、适宜的温度和充足的氧气以后，胚由休眠进入萌发，胚根向下生长形成根，胚芽向上生长伸出土面形成茎和叶。这种由种子的胚生长成具有根、茎、叶的幼小植物叫幼苗。

第三节　植物形态术语

一、根的形态术语

1. 直根

有垂直向下生长的主根。主根由胚根发育而来，因其着生于茎干基部，有固定生长部位，故又名定根。主根通常较发达，有分枝。主根的分枝为侧根，由主根和侧根所组成的整个根系，称为直根系。整个根系常呈长圆锥状。

2. 须根

无垂直向下生长的主根，或有主根但极不发达或在早期萎缩，代之而起的是着生茎干基部的不定根。这些不定根所组成的根系为须根系。

3. 贮藏根

外观肥大、肉质的地下根，内部常具有大量贮藏营养物质的薄壁组织，贮藏物用于植株休眠后生长发育之用。其中萝卜、胡萝卜、甜菜为肉质直根；甘薯、大理花为块根。

4. 支持根

自地上茎干基部长出而着生于地下，有支撑植物体直立的作用，如榕树等。

5. 攀援根

发生于地上茎干上的不定根，根的先端常有吸盘以维持植物攀援上升，如常春藤等。

6. 气生根

自地上茎干上长出、或发自茎干基部而悬垂于空气之中，以吸收和贮存水分，有些植物的气生根的表面还有菌丝层。如文竹、石斛等。

二、茎的形态术语

1. 芽

未萌发的枝或花和花序的原始体。位于茎顶端的为顶芽，位于旁侧叶腋的为侧芽或腋芽，统称为定芽。不定芽没有固定的发生部位，它既可以于根上产生（如甘薯），也可以从叶上产生（如落地生根）。

2. 木质茎

木质部发达的茎。具有此种茎的植物称为木本植物，其中高大、主干明显、下部少分枝的为乔木（如厚朴），矮小、主干不明显、下部多分枝的为灌木（如小檗），又长又大、柔韧、上升必需依附他物的则为木质藤本（如木通）。

3. 草质茎

木质部不甚发达的茎。具有此种茎的植物称为草本植物，其中在一年内完成生长发育过程的为一年生草本（如鸡冠花），至第二年才能完成生长发育过程的为二年生草本（如瓜叶菊），至三年以上仍能长期生存的则为多年生草本（如薄荷），茎细长柔软、上升必需依附他物的则为草质藤本（如牵牛）。

4. 直立茎

直立着生，不依附他物的茎（如银杏）。

5. 攀缘茎

需要依附他物才能上升的茎。其依附他物的部分有由根变态而成的吸盘（如常春藤），有由茎或叶变态而成的卷须（如豌豆）。

6. 缠绕茎

依靠茎本身缠绕上升的茎。缠绕茎又分左缠绕茎与右缠绕茎两种。

7. 匍匐茎

水平着生或匍匐于地面，节上同时有不定根长入地下的茎（如草莓）。

8. 根状茎

茎部肉质肥大呈根状，横长，茎节明显而节间较长，茎上叶片通常相对较小而呈鳞片状（如美人蕉、花毛茛、黄精等）。

9. 球茎

茎部肉质肥大呈球状，茎节与节间明显，茎上叶片亦常退化呈鳞片状（如唐菖蒲、小苍兰、番红花、荸荠等）。

10. 块茎

茎部肉质肥大，呈不规则块状，茎节、节间、叶、芽皆不甚明显，仅于表面凹陷处有退化茎节所形成的芽眼及着生其中的芽（如马铃薯、仙客来、彩叶芋、马蹄莲、大岩桐等）。

11. 鳞茎

茎部而退化较小，称为鳞茎盘，而叶部则较发达，位于内层、肉质肥大的称为肉质鳞叶（又称鳞片），位于外层、质薄干枯的称为膜质鳞叶。仅由肉质鳞叶组成的鳞茎称为无皮鳞茎（如百合）。内有肉质鳞叶，外有膜质鳞叶组成的鳞茎称为有皮鳞茎（如郁金香、风信子等）。

12. 卷须茎

通常呈卷须状，细长、柔软、卷曲而常有分枝，具有支持植物攀援的作用（如葡萄、五色地锦等）。

13. 刺状茎

通常呈刺状、粗短、坚硬、无分枝或有分枝，位于叶腋处（如小檗、火棘、皂荚等）。

14. 叶状茎

通常呈叶状、扁平、色绿，但其着生部位却在叶腋，其叶腋外侧的叶片往往较退化（如天门冬）。

15. 肉质茎

通常肉质肥大，呈片块状、圆球状、圆柱状或棱柱状，叶片常部分或全部退化成针刺状（如仙人掌），仅个别种类具有完全正常的叶片。

三、叶的形态术语

1. 叶形

叶片的全形或基本轮廓。常见的有：倒宽卵形、圆形、宽卵形、倒卵形、椭圆形、卵形、倒披针形、长椭圆形、披针形、线形、剑形、三角形、戟形、箭形、心形、肾形、菱形、匙形、镰形、偏斜形等。

2. 叶端

叶片的上端。常见的有：芒尖、骤尖、尾尖、渐尖、锐尖、凸尖、钝形、截形、微凹、倒心形等。

3. 叶基

叶片的基部。常见的有：楔形、渐狭、圆钝、截形、箭形、耳形、戟形、心形等。

4. 叶缘

叶片的周边。常见的有：全缘、睫状、齿缘、细锯齿、锯齿、钝锯齿、重锯齿、曲波、凸波、凹波等。

5. 叶脉

叶片维管束所在处的脉纹。常见的有：掌状网脉、羽状网脉、横出脉、射出脉、弧状脉、直出平行脉。

6. 叶裂

叶片在演化过程中，有发生凹缺的现象。常见的缺裂有：掌状浅裂、掌状深裂、掌状全裂、羽状浅裂、羽状深裂、羽状全裂。

7. 单叶

一个叶柄上只着生一个叶片的叶。

8. 复叶

一个叶柄上着生多个叶片的叶。复叶的种类很多，常见的有：三出复叶（重阳木、红车轴草）、掌状复叶（七叶树）、羽状复叶（绣线菊）、单身复叶（佛手）。

9. 叶序

叶在茎或枝上着生排列方式及规律。常见的有：互生、对生、轮生、簇生、丛生。

10. 鳞叶

指鳞茎上具贮藏作用的肉质鳞叶和球茎、块茎及根状茎上退化的膜质鳞叶。

11. 刺状叶

整个叶片变态为刺状的叶（如仙人掌）。

12. 苞叶

仅有叶片，着生于花轴、花柄、或花托下部的叶。通常着生于花序轴上的苞叶称为总苞叶（红掌），着生于花柄或花托下部的苞叶称为小苞叶或苞片（如柴胡）。

13. 卷须叶

叶片先端或部分小叶变成卷须状的叶（如野豌豆）。

14. 捕虫叶

叶片形成掌状或瓶状等捕虫结构，有感应性，遇昆虫触动，能自动闭合，表面有大量能分泌消化液的腺毛或腺体（如猪笼草）。

四、花的形态术语

1. 花梗

又称为花柄，为花的支持部分，自茎或花轴长出，上端与花托相连。

2. 花托

为花梗上端着生花萼、花冠、雄蕊、雌蕊的膨大部分。其下面着生的叶片称为副萼。花托常有凸起、扁平、凹陷等形状。

3. 花被

包括花萼与花冠。

4. 花萼

为花朵最外层着生的片状物，通常绿色。每个片状物称为萼片，分离或联合。

5. 花冠

为紧靠花萼内侧着生的片状物。每个片状物称为花瓣。花冠有离瓣花冠与合瓣花冠之分。

6. 离瓣花冠

即花瓣彼此分离的花冠。从形状上划分有蝶形花冠、蔷薇形花冠、十字形花冠。

7. 合瓣花冠

即花瓣彼此联合的花冠。常见的有钟状花冠、漏斗状花冠、唇形花冠、管状花冠、舌状花冠。

8. 雄蕊

位于花冠的内侧，是花的重要组成部分之一，由花药和花丝两部分组成，有离生雄蕊和合生雄蕊之分。

9. 离生雄蕊

花中全部雄蕊各自分离，典型的有分生雄蕊、四强雄蕊、二强雄蕊。

10. 合生雄蕊

花中各雄蕊形成不同程度的连合，重要的有多体雄蕊、二体雄蕊、单体雄蕊、聚药雄蕊。

11. 雌蕊

位于花的中央，是花的另一个重要组成部分，由柱头、花柱和子房三部分组成。雌蕊可为单雌蕊、离生单雌蕊和复雌蕊。

12. 子房

雌蕊基部膨大的部分。根据子房在花托上着生的位置和与花托连合的情况，可为上位子房、中位子房和下位子房。

13. 胚珠

子房中将来发育成种子的部分。主要类型有直生胚珠、横生胚珠、弯生胚珠、倒生胚珠。

14. 胎座

胚珠着生的地方。主要类型有边缘胎座、侧膜胎座、中轴胎座、特立中央胎座、顶生胎座和基生胎座。

15. 完全花

即各组成部分齐全的花。不完全花：即缺乏其中某一或数个组成部分的花。

16. 两性花

即同时具雌蕊与雄蕊的花。单性花：只具雌或雄蕊的花。无性花：不具雌蕊及雄蕊的花。

17. 无限花序

为花序主轴顶端能不断生长，花开放的顺序，是由下向上或由周围向中央，最先开放的花是在花序的下方或边缘。这类花序包括总状花序、伞房花序、复总状花序、穗状花序、葇荑花序、肉穗花序、复穗状花序、伞形花序、复伞形花序、头状花序、隐头花序。

18. 有限花序

为花序主轴顶端先开一花，因此主轴的生长受到限制，而由侧轴继续生长，但侧轴上也是顶花先开放，故其开花的顺序为由上而下或由内向外。这类花序包括镰状聚伞花序、蝎尾状聚伞花序、二歧聚伞花序和多歧聚伞花序。

五、果实的形态术语

1. 聚花果（复合果、复果）

即由花序受精形成的果实。

2. 聚合果（聚心皮果）

即由子房上位，具多个离生雌蕊的单花受精形成的果实。

3. 单果

即由具一个雌蕊的单花受精后所形成的果实，其下又分果皮肉质多浆的肉果与果皮干燥的干果，干果中又有成熟后开裂的裂果与成熟后不开裂的闭果。常见的肉果有浆果、瓠果、梨果、核果、柑果等，常见的裂果有蒴果、角果、荚果、蓇葖果等，常见的闭果有坚果、瘦果、翅果、悬果、颖果等。

六、种子的形态术语

1. 双子叶有胚乳种子

即种胚有 2 片子叶，且有胚乳的种子。

2. 单子叶有胚乳种子

即种胚有 1 片子叶，且有胚乳的种子。

3. 双子叶无胚乳种子

即种胚有 2 片子叶，但无胚乳的种子。

4. 单子叶无胚乳种子

即种胚有 1 片子叶，但无胚乳的种子。

第四节　植物生育周期

一、植物生育周期的概念

每一种植物都有其生长、发育、衰老、死亡的过程，这一过程称为植物的一生，也称为生育周期或生命周期，简称生育期。植物的整个生育期，可划分为不同的生育时期或生长发育阶段。一年中，根据植物的生长发育状况往往可分为生长期和休眠期。生长期是指植物各器官表现出显著的形态和生理功能动态变化的时期。休眠期指种子、芽、根等器官生命活动微弱，生长发育停滞的时期。

二、多年生木本植物的生育周期

多年生木本植物的生育周期又称年龄周期，往往以年来表示。一年内，随气候变化，表现出一定规律性的生命活动过程，称为年生长周期。每个生命周期包含许多个年生长周期，这是多年生栽培植物不同于一、二年生植物的显著特征。进行有性繁殖和无性繁殖的木本植物，其生命周期有本质差别，落叶和常绿木本植物的年生长周期也明显不同。

1. 有性繁殖的木本植物

有性繁殖的木本植物生命周期是指由胚珠受精产生的种子从播种萌发到死亡的时间，包括童期、成年期和衰老期。童期也称为幼年期，指种子萌发到实生苗具有分化花芽潜力和开花结实能力的时间。在此阶段，采取任何措施都不能使植物开花结果。对于观赏茎叶的植物，人们希望此期长些。成年期指从具有开花结果能力到开始出现衰老特征的时间。该期到来的早晚和长短，对以花、果为观赏价值的植物具有重要意义。衰老期指生长势明显衰退到死亡为止。

2. 无性繁殖的木本植物

无性繁殖的木本植物往往是利用营养器官的再生能力培育的植株。因为从母株上采集的繁殖材料（芽、茎、叶、根等）已经具有开花结果能力或不需要再从种子萌发开始，所以其生命周期是从新植株定植成活到死亡的时间。但无性繁殖的木本植物前期往往只进行营养生长，不开花结果或很少开花结果，故其生命周期又分为营养生长期、结果期（或成年期）和衰老期。对于观赏茎叶的植物而言，营养生长期就是观赏期。对于以花、果为观赏主体的植物而言，则希望缩短营养生长期，延长开花结实期。

3. 年生长周期

栽培的木本植物有落叶树木和常绿树木两类。落叶树木有明显的生长期和休眠期，常绿树木的年生长周期中没有明显的休眠期。落叶树木的年生长周期可划分为萌芽期、开花期、新梢生长期、花芽分化期、果实发育期、落叶期和休眠期。根据地上部和地下部器官的生长发育状况，落叶树木的根系可划分为开始活动期、生长高峰期、生长缓慢期和停止生长期；地上部营养器官可分为芽膨大期、萌芽期、新梢生长期和落叶期。地上部生殖器官可分为开花期、果实发育期、花芽分化形成期和果实成熟期。常绿树木地下部根系可划分为开始活动期、生长高峰期和生长缓慢期；地上部营养器官可分为春梢生长期、老叶脱落期、夏梢生长期、秋梢生长期、缓慢生长期、冬梢生长期和芽分化形成期，地上部生殖器官可分为花芽和花序发育期、开花期、坐果期、生理落果期、果实成熟期和花芽分化形成期。

三、一年生或两年生植物的生育周期

对于以生殖器官为产品的一年生或两年生花卉，其生育期指从播种到观赏结束的时间，往往以月数和天数来表示。根据植物一生中外部形态出现的显著变化，又可划分为若干个生育时期，如发芽期、苗期、开花期、结果（实）期、成熟期等。又因栽培植物种类、栽培方式和栽培目的的不同，具体生育时期的划分也不同。如育苗移栽的植物可分为育苗期、大田生长期。对于以营养体为产品的植物，如观叶（茎）植物，生育期是指从出苗到产品适宜收获期的总天数。

第五节　植物的地理分布

植物在其生长发育过程中，一方面依靠自然环境提供生长发育、繁衍后代所需的物质与能量，即生物受自然环境的制约；另一方面，它们也不断地影响和改变环境。生物与环境之间的这种相互依存、相互制约和相互影响的关系，称为生态关系。

一、地貌因素

地形、地貌对植物虽不发生直接影响，但能制约光照、温度、水分等自然因素，所以对植物的生存仍起着决定性作用。地形的变化可引起气候及其他因子的变化，从而影响植物的种类与分布。例如，不同海拔高度分布的植物种类不同，不同方向和不同坡度的山坡分布的植物种类也不相同。阳坡生长着喜暖、喜光的种类，阴坡生长着喜阴喜凉的植物。坡度过大，乔木类植物难于生长，只有矮小的灌木和草本植物种类才能适应和生存。

二、气候因素

包括水分、温度、光照等生态因子。

水分是植物生存、发展的必要条件，植物的一切生理活动都离不开水分。沿海地区因受海洋季风影响而气候湿润，中国东部地区属于此类；而离海洋较远的中国西北部内陆地区则形成大陆性干旱气候。以水为主导因子可将植物分为水生植物、湿生植物、中生植物和旱生植物。水生植物（如莲、香蒲等）全部或根部必须生活在水中，遇干燥则枯死；湿生植物通常指生长于潮湿环境中的种类，如芦苇、马蹄莲等；中生植物指生长于水分条件适中的陆地环境中的种类，它们分布广，数量多，常见室内观赏植物多属此类；旱生植物，指生长在水分少的干旱条件下的种类，如仙人掌、卷柏等，一般植株矮小，叶片不大，角质层厚或叶片变态成刺状。

植物的生理活动和生化反应必须在一定的温度条件下才能进行，而空间和时间的变化又决定着温度的变化。空间变化指纬度不同，距海远近不同，海拔高度不同等。纬度低的地区，太阳辐射能量大，温度就高；纬度高的地区，太阳辐射能量小，温度就低。热带植物多为阔叶常绿树种和巨大藤本，而寒温带植物则多为针叶林树种和生长期短的草本植物。

光能提供植物生命活动的能源，提高光能利用率是提高植物产量的重要途径。光能对植物的生态习性和分布有着重要影响，在不同光照强度下，植物分别形成了阳性、阴性和耐阴性三种类型。阳性植物指在强光照条件下生长发育健壮的植物，多分布于旷野、向阳坡地等，如山地分布的雪莲花、蒲公英，荒漠草原分布的麻黄、甘草等；阴性植物是在微弱光照条件下生长发育健壮的种类，如分布于林下阴坡的玉簪、天南星等；耐阴性植物的习性介于阳性植物和阴性植物之间，既能在向阳山地生长，也可在较荫蔽的地方生长，如侧柏、桔梗等。

三、土壤因素

土壤是植物固着的基本条件，又是供应水分和营养成分的源泉，与植物的生长发育有着极为密切的关系。不同的土壤，分布着不同的植物。东北、华北、西北地区的钙质土上生长的种类有甘草、枸杞等；南方酸性土壤中生长的种类有桃金娘、栀子等；分布于石灰岩山地的种类有南天竹等；分布于盐碱地上的种类有柽柳、地肤、丝石竹等。

本章小结

植物与植物生理是农业生产的基础。本章从植物细胞、组织、器官三个层面阐述了植物的基本结构和组成，划分了观赏植物的生育周期类型，分析了植物地理分布的生态因子。

复习与思考

1. 运用植物学的形态术语，描述你熟悉的1~2种花卉的外部形态特征。
2. 举例说明观赏植物的生育周期类型。
3. 分析当地野生植物与生态环境之间的关系。

第二章

花卉学知识

> **学习目标**
> 掌握花卉的概念、分类和商品类别。

第一节 花卉的概念

通俗地讲,"花"是植物的繁殖器官,是指姿态优美、色彩鲜艳、气味香馥的观赏植物,"卉"是草的总称。习惯上往往把具有观赏价值的灌木和可以盆栽的小乔木也包括在内,统称为"花卉"。

严格地说,花卉有广义和狭义两种范畴。狭义的花卉是指有观赏价值的草本植物。如凤仙、菊花、一串红、鸡冠花等;广义的花卉除有观赏价值的草本植物外,还包括草本或木本的地被植物、花灌木、开花乔木以及盆景等,如麦冬类、景天类、丛生福禄考等地被植物;梅花、桃花、月季、山茶等乔木及花灌木等等。另外,分布于南方地区的高大乔木和灌木,移至北方寒冷地区,作温室盆栽观赏,如白兰、印度橡皮树,以及棕榈植物等,也被列入广义花卉之内。

第二节　花卉的分类方法及其分类

花卉种类繁多，分布很广，为了方便引种与栽培，人们进行了各种各样的分类。比如依植物学系统分类，能帮助人们了解各种花卉的亲缘关系；依自然分布分类，能帮助人们了解各种花卉的生态习性。总之，了解花卉的分类方法，对花卉的栽培与经营十分重要。

一、植物学系统分类

这是植物学家在全世界范围内统一分类的一种方法。此法以花卉植物学上的形态特征为主依据，按照门、纲、目、科、属、种等主要分类单位来分类，并给予拉丁文学名。

这种分类方法可以使我们清楚各种花卉彼此间在形态上或系统发育上的联系或亲缘关系，生物学特性的异同等，是采用栽培技术、决定轮作方式、进行病虫防治以及育种的重要依据。但由于原产地不同，即使同科同属甚至同种花卉，形态与生物学特性相差甚大。因此这种分类不是完美的，还需要其他分法予以补充。

二、根据生物学习性分类

1. 一年生花卉

如百日草、鸡冠花、千日红、凤仙花、波斯菊等。

2. 二年生花卉

如三色堇、石竹、桂竹香、瓜叶菊、报春花等。

3. 球根花卉

如水仙、百合、郁金香、风信子、小苍兰、番红花、君子兰、百子莲等。

4. 宿根花卉

如芍药、菊、香石竹、荷兰菊、蜀葵、文竹等。

5. 多浆及仙人掌类

如仙人掌、令箭荷花、芦荟、落地生根、玉树等。

6. 水生花卉

如荷花、睡莲等。

7. 兰科花卉

如春兰、建兰、墨兰、蝴蝶兰、大花蕙兰等。

8. 灌木类

如月季、迎春、杜鹃、山茶、黄杨、茉莉等。

9. 乔木类

如梅花、海棠、樱花、广玉兰、桂花、雪松、圆柏等。

三、依自然分布分类

1. 热带花卉

如气生兰、龟背竹、海芋、红桑、龙吐珠、旱金莲、一品红、变叶木等。

2. 亚热带花卉

如山茶、米兰、白兰花等。

3. 温带花卉

包括原产中国中部至南部，欧洲西部及中海沿岸的多数花卉，如三色堇、一串红、报春花、唐菖蒲、郁金香、小仓兰、杜鹃、桂花等。

4. 寒带花卉

如榆叶梅、芍药、飞燕草、百合、牡丹、丁香等。

5. 高山花卉

如乌头、白头翁、峨嵋杜鹃、仙客来等。

6. 岩生花卉

如景天类，虎耳草，蕨类，苔藓等。

7. 沙生花卉

如仙人掌、生石花、芦荟等。

四、依观赏部位分类

1. 观花类

如荷、菊、百合、山茶、杜鹃等。

2. 观果类

如金柑、石榴、观赏辣椒、冬珊瑚、紫珠等。

3. 观茎类

如仙人掌、光棍树、山影掌、卫矛、木瓜等。

4. 观叶类

如竹芋、变叶木、彩叶草、文竹、蕨类等。

5. 芳香类

如米兰、茉莉、桂花、含笑、栀子花等。

五、依开花季节分类

1. 春花类

如杜鹃、茶花、玉兰、樱花、风信子、郁金香、荷色牡丹等。

2. 夏花类

如凤仙、茉莉、美人蕉、蜀葵、米兰、荷花、夹竹桃、姜花、石竹、半支莲、三色堇、花菱草、玉兰、麦秆菊、矮牵牛、一串红、风铃草、芍药、飞燕草、紫罗兰等。

3. 秋花类

如菊花、鸡冠花、桂花、白兰、米兰、九里香、含笑、千日红、凤仙、翠菊、长春花、紫茉莉等。

4. 冬花类

如蜡梅、梅、水仙、墨兰、茶花、一品红、龙吐珠、蟹爪兰、三角花等。

第三节　花卉的商品类别

一、种子、种苗和种球

种子是种子植物有性繁殖的器官，由花中的胚珠发育而来。大多数花卉，尤其是一、二年生草本花卉，如一串红、瓜叶菊、羽衣甘蓝、姜女樱、福禄考等，主要采用种子播种繁殖。由种子培育出的幼苗叫实生苗，它可以在短期内大量生产。种子的包装、储藏和运输比营养体要方便得多，由其培育出的植株具有长势旺盛、园艺性状强等优点，其中杂交种子往往表现得更为突出。所以种子在商业中广泛进行交易。

种苗不仅指由种子培育出的实生苗,还包括由扦插繁殖的扦插苗、嫁接繁殖的嫁接苗、组织培养繁殖的组培苗等营养苗。随着花卉繁殖技术的不断提高,种苗的规模化生产越来越发达,种苗也成为生产中必不可少的材料。

种球是指球根花卉地下部分的茎或根变态、膨大并贮藏大量养分的无性繁殖器官,如朱顶红、郁金香、风信子、百合等的鳞茎,唐菖蒲的球茎,美人蕉的根状茎,仙客来的块茎和大丽花的块根等。种球能很好保持园艺性状,栽培容易,管理简便,种质交流便利,适合园林种植,也是商品切花和盆花生产的良好材料。

二、盆 花

盆花是指以盆栽为主要栽培形式,以摆放装饰为主要目的各类容器栽培花卉的总称。盆花通常是在特定条件下栽培,达到适于观赏的阶段时移到被装饰的场所进行摆放,在失去最佳观赏效果或完成任务后就可移走,只作为短期的装饰。盆花的种类多,可供选择的范围较宽,不受地域适应性的限制,也可利用特殊栽培技术进行促成或抑制栽培。绝大多数一二年生草花、球根花卉、宿根花卉等可以用于盆栽,灌木和株形较小的乔木也常用于盆栽应用。

三、鲜切花

鲜切花是自活体植株上剪切下来专供插花及花艺设计用的枝、叶、花、果的统称,可分为切花、切叶、切枝和切果等。切花是各种剪切下来以观花为主的花朵、花序或花枝,如月季、非洲菊、百合、唐菖蒲、鹤望兰、六出花等。切叶是各种剪切下来的绿色或彩色的叶片及枝条,如龟背竹、绿萝、绣球松、针葵、肾蕨、变叶木等。切枝是各种剪切下来具有观赏价值的着花或具彩色的木本枝条,如银芽柳、连翘、海棠、牡丹、梨花、雪柳、绣线菊、红瑞木等。切果是各种剪切下来的具有观赏价值的带枝果实或果实,如佛手、乳茄、火棘等。鲜切花装饰的形式很多,常见的有瓶插、花束、花环、花圈、花篮、捧花、胸花等。

四、干 花

干花是鲜花经过自然干燥或人工处理后制成的工艺装饰品。自然界一些植物的花朵，其花瓣含水量较低，当花瓣在植物体上形成后，就开始呈现出干花的特征来，富有蜡质和纸质感，经一定处理后，可以长期保持其美丽的花色及花型。干花极富现代的抽象装饰美，常被作为鲜花的代用品，用在各种类型的工艺装饰品上。

1. 自然干燥类干花

这类干花也称天然干花，即选择某些种类的鲜花，经自然干燥定型后便可制成色彩缤纷的天然干花。适宜做天然干花的花卉品种主要有麦秆菊和补血草类等草本植物。

2. 人工处理类干花

由于受植物体自身组织构造的制约，自然界中能直接制作天然干花的品种毕竟有限，为获得更多的美丽的干花，利用甘油、硼砂、硅胶等化学物质对鲜花进行人工脱水干燥，也可制成千姿百态的各种干花。采用这种方法可使干花品种大增，但不足的是，所制成的干花一般都较脆弱，很容易碎裂。常见的用该法处理的干花有：山茶、绣球花、三色堇、千日红、月季、萱草、迎春花、满天星、香石竹、葵花等。

五、仿真花

仿真花是一种用各种塑胶、布料等人工材料制作的纯手工工艺品。高级仿真花采用仿真花泥制作花卉、盆景、水果等，产品形象鲜活逼真、色彩鲜艳亮丽，让人难辩真假、具有较高的装饰价值。这种工艺品的柔韧性和可塑性是其他材料无法比拟的，保存期可达 5～10 年。

六、盆 景

盆景是在我国盆栽、石玩等基础上发展起来的，以树、石为基本材料，在盆内表现自然景观和意境的艺术品。盆景可分为树桩盆景、水石盆景、树石盆景、竹草盆景、微型组合盆景和异型盆景六大类。盆景被誉为"无声的诗，立体的画"，深受人们的喜爱，我国盆景以表现形神兼备、情景交融的艺术效果为最佳作品。盆景不仅可用来装饰办公室、家庭，也可装饰公园、宾馆、礼堂等各种公共场所。

七、草　坪

草坪，就是平坦的草地。园林上是指人工栽培的矮性草本植物，经一定的养护管理所形成的块状或片状密集似毡的园林植物景观。草坪有时又被称之为"草皮"、"草地"、"草坪地被"等。草坪植物是草坪的主体。草坪植物主要是一些适应性较强的矮性禾本科植物，且大多数为多年生植物，如结缕草、狗牙根、野牛草、多年生黑麦草、高羊茅、剪股颖等，也有少数一二年生植物，如一年生早熟禾、一年生黑麦草等。草坪植物除禾草外，也有一些其他科、属的矮性草类，如莎草科的苔草、旋花科的马蹄金和豆科的白三叶等。草坪植物按季相特征或温度习性不同分为冷季型草坪植物和暖季型草坪植物。草坪在美化生活，保护环境等方面具有重要的作用。

本章小结

花卉学是花卉园艺师的必备知识。花卉的概念有广义和狭义之分。花卉的种类繁多，根据不同的分类方法有着不同的分类类型。本章着重介绍了常见的花卉商品类别。

复习与思考

1. 什么叫花卉？
2. 根据生物学习性花卉分哪些种类？
3. 根据自然分布花卉分哪些种类？
4. 根据观赏部位花卉分哪些种类？
5. 根据开花季节花卉分哪些种类？
6. 有哪些常见的花卉商品类别？

第三章

土壤、基质与肥料

> **☞ 学习目标**
>
> 熟悉土壤的组成与土壤肥力，了解土壤的分类及其特性，掌握常用基质材料和肥料的种类及性质。

第一节 土壤的组成与土壤肥力

一、土壤的基本物质组成

土壤是地球陆地上能够生产植物收获物的疏松表层，是由固相（包括矿物质、有机质和活的生物体）、液相和气相物质组成的疏松多孔体。其基本物质组成如下：

$$
\text{土壤}\begin{cases} \text{固体颗粒}\begin{cases} \text{矿特质颗粒}\begin{cases}\text{原生矿物}\\ \text{次生矿物}\end{cases}\\ \text{有机质——生物残体及其腐解物质、腐殖质}\\ \text{生物}\end{cases}\\ \text{粒间孔隙}\begin{cases}\text{气体——土壤空气}\\ \text{液体——土壤水分}\end{cases} \end{cases}
$$

土壤固相物质包括有机物质和无机物质。无机物质占绝大部分，主要是岩石风化而成的粗细不同的矿质颗粒及矿质养分，它是组成土壤的"骨架"。此外，还有数量不多，但作用很大的有机质，包括动植物残体、微生物活体和经微生物作用后重新形成的腐殖质，它是土壤的"肌肉"，肥力的精华。土壤腐殖质的黏粒紧密结合在一起，形成吸收性复合体，其表面吸附很多可为植物直接吸收利用的营养物质。在固相物质之间有许多大小不同的孔隙，孔隙内充满着水分和空气。土壤水分实际上是溶解着各种养分的土壤溶液，它是土壤的"血液"。土壤大孔隙中充满来自大气和土壤生化反应产生的气体，使土壤有足够的氧气供应。土壤内的水分和空气呈互为消长的关系。肥沃的土壤，应该是"骨肉"相称，"血气"充沛。良好土壤的三相组成应该是固相物质的体积约占50%左右，其中40%左右为矿质颗粒，10%左右为有机质；液相和气相体积亦占50%左右。三相物质不是孤立的，而是互相依赖、互相制约的统一体。这些物质的比例关系及其变化对土壤肥力有直接的影响，它们是土壤肥力的物质基础，为植物生育提供必要的生活条件。要研究土壤及其肥力的基础物质及其性质，进而采取措施，调整三相比例，改善土壤组成的质和量，从而提高土壤肥力。

二、土壤肥力

土壤肥力，是指土壤在植物生长发育全部过程中不断供给植物以最大量的有效养分和水分的能力，同时自动调节植物生长发育过程中最适宜的土壤空气和土壤温度的能力。这种能力是土壤物理、化学、生物等性质的综合反映，是土壤的本质特性和生命力。土壤肥力因素综合作用于植物，各种因素是同等重要、不可代替的。良好的植物生长土壤环境，不仅要求诸肥力因素同时存在，而且必须保持相互协调的状态。所以一般认为水、肥、气、热是土壤的四大肥力因素，它们综合地起作用，构成了土壤肥力。

土壤肥力可分为自然肥力和人工肥力。自然肥力包括土壤所具有的容易被植物吸收利用的有效肥力和不能被植物直接利用的潜在肥力。人工肥力是指通过种植绿肥和施肥等措施所创造的肥力。林草地土壤仅仅具有自然肥力，而耕作土壤则兼具有自然肥力和人工肥力。土壤肥力因素由于受环境条件和耕作、施肥管理水平等的限制，只有一部分在生产中表现出来，这部分肥力称为有效肥力，又称为经济肥力。另一部分没有直接反映出来的肥力叫做潜在肥力。潜在肥力和有效肥力互相联系，互相转化，没有截然的界限。潜在肥力是有效肥力的"后备"，有的土壤潜在肥力高，而有效肥力不高，通过采取适宜的土壤耕作管理措施，改造土壤的环境条件，可促进潜在肥力转化为有效肥力。

肥沃土壤的标志是，具有良好的土壤性质，丰富的养分含量；良好的土壤透水性和保水性；通畅的土壤通气条件和吸热、保温能力。提高土壤肥力和培育肥沃土壤是从事花卉生产的首要任务。

第二节 土壤的分类及其特性

土壤的种类很多，根据不同的分类方法有着不同的类型。

一、按系统分类

土壤的本质特性是肥力，因此，土壤系统分类就是根据土壤肥力的发生与演变，系统地区分各种土壤，为合理利用土壤，提高土壤肥力提供依据。我国现行土壤分类采用土纲、土类、亚类、土属、土种、变种六级分类制。

二、按质地分类

根据土粒直径的大小可把土粒分为粗砂（2.0～0.2mm），细砂（0.2～0.02mm），粉砂（0.02～0.002mm）和黏粒（0.002mm以下）。这些不同大小固体颗粒的组合百分比就称为土壤质地。根据土壤质地可把土壤区分为：

1. 砂土

砂性土的肥力特征是蓄水力弱，养分含量低，保肥性较差，土温变化较快，但通气性和透水性好，并且容易耕作。

2. 黏土

黏土孔隙很小，通气不良，透水性差，耕作比较困难，但钾、钙、镁等矿物质含量丰富，养分含量较高，保水力和保肥力较强，土温稳定。

3. 壤土

这是介于黏土和砂土之间的一种土壤质地类别。土壤中砂粒、粉砂粒和黏粒的比例适当，兼具砂土和黏土的特点。既有良好的通气透水性，又有一定的保水保肥能力，土温比较稳定，耕作性好，适耕期较长，适合大多数花卉的栽培。

三、按酸碱度分类

土壤酸碱度是土壤最重要的化学性质，因为它是土壤各种化学性质的综合反应，对土壤肥力、土壤微生物的活动、土壤有机质的合成和分解、各种营养元素的转化和释放、微量元素的有效性以及动物在土壤中的分布都有着重要影响。土壤酸碱度常用 pH 值表示。土壤根据酸碱度可分为：

1. 酸性土

土壤 pH 值在 6.0 以下，适宜大部分原产高山及江南的酸性土植物的生长，例如红松、马尾松、油松、山茶花、杜鹃花、米兰、橡皮树及大量的阴生观叶花木。

2. 碱性土

土壤 pH 值在 7.5 以上，适宜原产华北、西北的大部分花木的生长，例如柳树类、侧柏、桂柳、槐树、龙爪槐、蜡梅、榆叶梅、黄刺玫等。

3. 中性土

土壤 pH 值 6.0~7.5，适宜在弱酸到弱碱的土壤中都能正常生长的植物，例如雪松、龙柏、悬铃木、马褂木、紫薇、木槿、樱花、海棠、丁香等大部分花木属于这一类。

第三节　常用基质材料的种类及性质

一、常用基质材料的种类

随着花卉产业的发展，基质栽培在花卉栽培中所占的比例越来越大，基质的优越性和基质对花卉生长发育及观赏品质的影响日益受到重视。在盆花、盆景、种苗生产上，基质都是不可或缺的重要园艺资材，基质的品种、数量和质量水平，已经成为一个国家园艺水平的重要标志。

用于配制基质的材料被称为基质材料。基质材料的选择不仅要考虑植物栽培生理特性的需要，还要考虑到经营方面的因素。基质材料的种类很多，大体上可分为有机基质材料和无机基质材料两类。

1. 有机基质材料

是指草炭、锯末、树皮、稻草和稻壳等有机物质。这些基质材料或来自有机物，或本身就是有机物。在各种有机基质材料中，以草炭的应用最广，其次是锯末。

2. 无机基质材料

无机基质材料是指岩棉、蛭石、砂、陶粒、珍珠岩、聚乙烯和尿醛泡沫塑料等无机物质。在各种无机基质材料中，以岩棉用的最多，普遍用于蔬菜、花卉育苗和栽培上。

二、常用基质材料的性质

1. 草炭

世界上的草炭依成分大体上分为藓类草炭和苔类草炭两大类，依其分解程度分为高位草炭、中位草炭和低位草炭。草炭的物理性质，依其种类不同而有很大差别。将不同种类的草炭，按照一定比例进行混合，其物理性质会发生改变，从而更适宜某种作物的需要。

2. 泥炭

泥炭的吸水量大，吸收养分的能力也强，通常表现为强酸性，pH值约4～5。泥炭的透气性一般都很好，并能提供少量氮肥。但是泥炭干时很难湿润，需要加表面活性剂。有时泥炭中含有有害盐分，所以使用前应先做少量试种为宜。

3. 岩棉

岩棉是一种吸水性很强的无机基质，其水气比例对许多植物都适合。因为它价格低廉，使用方便，安全卫生，所以适用于各种花卉的无土栽培。刚使用的岩棉pH值较高，一般为7～8。这主要是含有少量氧化钙的缘故。当使用一段时间后，pH值就会下降，或者使用前灌溉时加入少量的酸，1～2d后即可。

4. 锯末

锯末来自木材加工，其特点是轻便，具有良好的吸水性和透气性，但在干燥地区容易风干，应加入一些泥炭配成混合基质。一般树种的锯末均可使用，但对松树锯末应进行水洗，或发酵3个月，以减少松节油的含量。

锯末可以连续使用2~6茬，但每茬使用前应进行消毒。

5. 蛭石

蛭石由云母片燃烧至850℃膨胀而成，其特点是安全卫生，吸水性强，保水保肥能力强；空隙度大，透气性好；pH值7~9，能提供一定量的钾，少量钙、镁等营养物质，但使用时间不宜太长。

6. 沙

沙的含水量恒定，不保水保肥，透气性好；能提供一定量的钾肥，来源丰富，成本低，经济实惠，安全卫生。缺点是分量较重。

7. 陶粒

陶粒呈粉红色或赤色，大小比较均匀，质地较轻，保水、排水、透气性良好，保肥能力适中，化学性质稳定，同时安全卫生。

8. 珍珠岩

珍珠岩是由硅质火山岩形成的矿物质，其特点是透气性好，含水量适中，化学性质稳定。因其比重比水轻，要防止大量浇水或淋雨。

本章小结

土壤是由固相、液相和气相物质组成的疏松多孔体。土壤肥力可分为自然肥力和人工肥力。水、肥、气、热是土壤的四大肥力因素。土壤的种类因分类方法不同而不同。基质材料大体上可分为有机基质材料和无机基质材料两类，不同基质材料有着不同的性质。

复习与思考

1. 土壤由哪些基本物质所组成？
2. 土壤肥力可分哪两类，各自有什么特点？
3. 土壤按质地可分哪几种，各自的性质如何？
4. 土壤按酸碱度可分哪几种，各种的性质如何？
5. 列举三种常用基质材料的性质。

第四章

植物保护

> **学习目标**
>
> 能够初步识别花卉常见病虫，了解病虫害发生的一般规律，熟悉花卉病虫害的控制途径和方法。

第一节 花卉病虫害种类及其识别

一、花卉主要病害

花卉在生长过程中，常常遇到有害生物的侵染和不良环境的影响，使得它们在生理上和外部形态上，都发生一系列的病理变化，致使花卉的品质和产量下降，这种现象称为病害。引起花卉发病的原因较多，主要是受真菌、细菌、病毒、类菌质体、线虫、藻类、螨类和寄生性种子植物等有害生物的侵染及不良环境的影响所致。这些不同性质的原因引起的花卉病害，分别称为真菌性病害、细菌性病害、病毒性病害、线虫性病害及生理性病害（或称非侵染性病害）。

1. 真菌性病害

真菌性病害是由真菌侵染引起的。真菌是一类没有叶绿素的低等生物，个体大小不一，多数要在显微镜下才能看清。真菌的发育分营养和繁殖两个阶段，菌丝为营养体，无性和有性孢子为繁殖体。它们主要借助风、雨、昆虫或花卉的种苗传播，通过花卉植物表皮的气孔、水孔、皮孔等自然孔口和各种伤口侵入体内，也可直接侵入无伤表皮。在生病部位上表现出白粉、锈粉、煤污、斑点、腐烂、枯萎、畸形等症状。常见的有月季黑斑病、白粉病、菊花褐斑病、芍药红斑病、兰花炭疽病、玫瑰锈病、花卉幼苗立枯病等。

2. 细菌性病害

细菌性病害是由细菌侵染引起的。细菌比真菌个体更小，是一类单细胞的低等生物，在显微镜下才能观察到它的形态。它们一般借助雨水、流水、昆虫、土壤、花卉的种苗和病株残体等传播。主要是从植株体表气孔、皮孔、水孔、蜜腺和各种伤口，侵入花卉体内引起危害，表现为斑点、溃疡、萎蔫、畸形等症状。常见的细菌性病害有樱花细菌性根癌病、碧桃细菌性穿孔病、鸢尾、仙客来细菌性软腐病等。

3. 病毒性病害

病毒性病害是由病毒侵染引起的。病毒是极微小的一类寄生物，它的体积比细菌更小，必须用电子显微镜才能看到它的形态。它们主要通过刺吸式口器的昆虫（如蚜虫、叶蝉、粉虱等）传播，其次是通过土壤中的线虫和真菌、种子和花粉传播。嫁接、病株与健株接触摩擦、无性繁殖材料（包括接穗、块茎、球茎、鳞茎、块根和苗木等）都是花卉病毒病的重要传播途径，甚至在修剪、切花、锄草时，操作人员的手和园艺工具上沾染的病毒汁液，都能起到传播作用。以上传播媒介，在花卉植物上造成的微小伤口将病毒带入体内，使其发病，表现为花叶、花瓣碎色、畸形等症状。常见的有郁金香病毒病、仙客来病毒病、一串红花叶病毒病及大丽花病毒病等。

4. 线虫性病害

线虫性病害是由线虫寄生侵染引起的。线虫是一种低等动物，身体很小，需在显微镜下才能看清它的形态。一般为细长的圆筒形，两端尖，形似人们所熟悉的蛔虫，少数种类的雌虫呈梨形。线虫头部口腔中有一矛状吻针，用以刺破植物细胞吸取汁液。生活在土壤中的线虫，寄生在花木根部，有的使根系上长出小的瘤状结节，有的引起根部腐烂。常见的有仙客来、凤仙花、牡丹、月季等花木的根结线虫病。有的线虫寄生在花卉叶片上，引起特有的三角形褐色枯斑，最后导致叶枯下垂，如菊花、珠兰的叶枯线虫病。

5. 生理性病害

生理性病害又称为非侵染性病害，是由不良的环境因素、植株本身生理代谢受阻、某些营养元素的缺乏及栽培技术不当所造成的。如温度过高或过低，都会使花卉生长发育不良，甚至受到伤害。温度过高，常造成叶片、枝条灼伤坏死，还影响孕蕾和开花。温度过低，如早霜和晚霜，常使花卉的叶芽、花芽、嫩叶或枝条、嫩梢受到冻害。土壤水分过多造成通气不良，在缺氧条件下，花卉根部呼吸困难，易窒息死亡。同时，在此情况下，土壤中积累了过量的有毒化学物质，能直接毒害根部造成烂根，影响植株从土壤吸收水分和养料。相反，土壤干旱、水分不足，植株发生凋萎，缺水严重时，造成全株枯死。施肥不当或土壤中营养物质含量失调，也会引起花卉发病，如碱性土壤中，因缺铁造成花卉叶片黄化，常见的有栀子黄化病。缺少磷肥会影响开花，氮肥过多，易造成植株徒长而不开花。

在花卉病害中，以真菌性病害发生最普遍，分布最广，危害最大。然而近年来，病毒病和线虫病的危害也日趋严重，已成为花卉品种退化和品质变劣的重要原因之一。此外，还有藻斑病、菟丝子害等，在个别地区或年份也引起危害。

二、花卉主要害虫

有很多昆虫等小型动物以花卉的叶、花、果、茎、枝、根等为取食对象，造成这些部位缺损、枯萎、畸形或腐烂，降低花卉观赏价值，甚至引起植株死亡。这类昆虫，称为花卉害虫。花卉害虫种类繁多，根据害虫危害花卉的部位和方式可将其分为以下几类。

1. 食叶害虫

食叶害虫是一类以植物的叶片作为食物主要来源的昆虫。一般叶片的被害状是：初孵幼虫食量很小，仅将叶子的叶肉啃食，留下叶片的表皮，使叶子出现小块半透明的斑块。随着虫龄的增大，食量日益增加，害虫蚕食叶片，出现大小不等的缺刻、孔洞。到幼虫进入高龄阶段，食量猛增进入所谓暴食期，此时将整叶片吃光，仅留主脉或叶柄。在虫口密度大时，可以将所有的叶子吃光殆尽而成光秆。由于叶片是植物进行光合作用制造碳水化合物等营养物质的器官，植株叶片的残缺不全，轻则生长不良，发育滞缓，延迟开花或不能开花，重则植物因无叶缺乏营养而遭整株枯死。至此花卉非但失去了观赏价值，同时也破坏了绿化的环境。常见的食叶害虫有黄刺蛾、桑褐刺蛾、大蓑蛾、凤蝶、蔷薇叶蜂等。

2. 刺吸害虫

此类害虫口器如针管，可刺进花卉植物组织（叶片或嫩尖），吸食花卉植物组织的营养，使叶片干枯、脱落，受害叶片表现失绿、变为白色或褐色。这类害虫个体较小，种类繁多，有时不易发现。此类害虫中有的可分泌蜜露，有的可分泌蜡质，不但污染花卉叶片、枝条，且极易导致煤污病，看上去叶片和枝条上如同涂了一层厚厚的煤粉层。此类害虫中的螨类能吐丝结网，严重时网可粘连叶片和枝条。常见的有蚜虫类、介壳虫类、粉虱类、蓟马类、叶螨类等。

3. 钻蛀害虫

钻蛀害虫绝大多数为害木本花卉，只有少数为害草本花卉。各类钻蛀害虫的成虫一般不为害或为害轻微，如啃食一些嫩枝的树皮、叶子，不会引起严重的危害。钻蛀都是在幼虫时期为害的，一般幼虫在树木的主干、主枝、侧枝上蛀食成孔洞、隧道。蛀道内木屑及大量虫粪充塞其中，受害轻者养分、水分输送受到阻碍，严重时树干全被蛀食成千疮百孔，以至枯萎死亡，并常引起其他害虫和一些病菌的侵入，使树木腐朽死亡。其次由于树干内被蛀食一空，极易被大风吹折，树形不整，丧失了观赏价值，破坏了绿化。草本花卉的茎被蛀食后，常导致失水枯萎而死。钻蛀害虫主要有两大类：鞘翅目的天牛类和吉丁虫类；鳞翅目的木蠹蛾、透翅蛾和螟蛾。此外尚有一些膜翅目的茎蜂和树蜂等。

4. 地下害虫

这类害虫又称为食根性害虫，一生生活在土壤的浅层和表层。花卉栽培的土壤一般有机质含量丰富，质地疏松，通气和持水性能良好。这些土壤的生态条件也最适合土壤害虫的生存和繁殖。花卉被害处常造成植株萎蔫或死亡，如水仙、百合、苍兰、大丽花、仙客来等花卉常受根螨、线虫、跳虫等危害；又如香石竹、菊花以及一、二年生草本花卉常受蛴螬、蝼蛄、地老虎等危害。

5. 其他有害动物

在花卉培植的环境中，尤其在温室等设施内温度高，湿度大，空气不太流通，不仅有利于害虫的发生，而且还会引起其他一些有害动物如蜗牛、蛞蝓、鼠妇等的发生与危害。蜗牛属软体杂食性动物，为害多种花木，常将嫩叶、嫩茎咬食成不规则孔洞或缺刻，并能引起细菌侵入造成腐烂。蛞蝓是陆生软体动物，能分泌透明的胶状液体，爬行活动后留下痕迹，干后发亮，在温室内常为害仙客来、瓜叶菊、洋兰等，造成叶片缺刻、孔洞或食幼苗嫩梢。鼠妇俗称"西瓜虫"，属节肢动物，性喜潮湿，在温室内多有发生，为害植物有海棠、仙客来、铁线蕨、含笑、紫罗兰等，更喜为害多肉植物，在盆内齐土面咬断茎秆或在盆底内取食嫩根，影响植株生长和观赏价值。

第二节 花卉病虫害的发生及其控制

一、花卉病害的发生

病害的发生过程包括侵入期、潜育期和发病期三个阶段。侵入期指病原物从接触花卉到侵入植物体内开始营养生长的时期。该时期是病原物生活中的薄弱环节，容易受到环境条件的影响而死亡。因此，是控制病害的最佳时期。潜育期指从病原物与寄主建立寄生关系起到症状出现所经过的时期，一般5~10d。可通过改变栽培技术，加强水肥管理，培育健康苗木，使病原菌在植物体内受抑制，减轻病害发生程度。发病期是自病害症状出现到停止发展的时期。该时期已较难控制，必须加大防治力度。

二、花卉害虫的生活习性

不同的害虫有不同的生活习性。掌握害虫的生活习性，才能有效地加以控制。

1. 世代与生活史

从卵开始到成虫为止的一个发育周期，称为一个世代。代数多少随害虫种类和气候条件决定，代数多的害虫，要多次防治才能控制为害。生活史是指害虫在一生中各个时期的经过情况，一般包括卵、幼虫、蛹、成虫等四个时期。

2. 生活习性

（1）食性　按害虫取食植物种类的多少，分为单食性、寡食性和多食性害虫三类。单食性害虫只为害一种植物，寡食性可食取同科或亲缘关系较近的植物，多食性害虫可食取许多不同科的植物。寡食性害虫和多食性害虫防治时，范围不应仅限在可见的被害区域，应广泛加以防治。

（2）趋性　指害虫趋向或逃避某种刺激因子的习性。前者为正趋性，后者为负趋性。防治上主要利用害虫的正趋性，如利用灯光诱杀具趋光性的害虫。

（3）假死性　指当受到刺激或惊吓时，立即从植株上掉落下来，暂时不动的现象。对于害虫可采取振落捕杀方式加以防治。

（4）群集性　指害虫群集生活共同为害植物的习性。一般在幼虫期有该特性，因此在该时期进行化学防治或人工防治将能达到很好的效果。

（5）休眠　指在不良环境下，虫体暂时停止发育的现象。害虫的休眠有特定的场所，因此可集中在该时期加以消灭。

三、花卉病虫害的控制

1. 植物检疫

这是根据国家制定的一系列检疫法令和规定，对植物检疫对象进行病虫害检验，防止从别的国家或地区传入新的危险性病虫害，并限制当地的检疫对象向外传播蔓延。植物检疫是防治病虫害的一项重要的预防性和保护性措施。

2. 农业控制

主要是动用栽培管理技术措施，有目的地改变某些生态环境条件，避免或减轻病虫害的发生，以达到保护花卉正常生长的目的。主要内容有：选用抗病虫的优良品种，利用无病健康种苗，轮作，深耕细作，清洁田园，改变栽种时期，加强肥水管理等。

3. 物理机械控制

根据害虫的生活习性和病虫害的发生规律，利用温度、光及器械等物理机械因素直接的作用来消灭病虫害和改变其生长发展条件的方法称物理机械防治法。如对活动性不强，有趋光性虫害等进行人工捕杀。

4. 生物控制

应用自然界有益生物来消灭或抑制某种病虫害的方法。生物防治能改变生物群落,直接消灭病虫害。具有使用灵活,对人畜和天敌安全,无残毒,不污染环境,效果持久,有预防性等特点。生物防治,目前主要是利用以虫治虫,以菌治虫和以菌治病的方法进行。

5. 化学控制

即应用化学农药防治病虫害的方法。其优点是作用快,效果好,应用方便,能在短期内消灭或控制大量发生的病虫害,受地区性或季节性限制比较小。但化学防治的缺点非常明显,如长期使用,害虫易产生抗药性,同时杀伤天敌,还有些农药毒性较大,有残毒,能污染环境,影响人畜健康。

6. 综合控制

病虫害控制的原则是"预防为主,综合控制"。预防为主,就是根据病虫害发生规律,抓住薄弱环节和防治的关键时期,采取经济有效、切实可行的方法,将病虫害在大量发生或造成危害之前,予以有效控制,使其不能发生或蔓延。综合控制,就是从生产的全局和生态平衡的总体观念出发,充分利用自然界抑制病虫害的各种因素,创造不利于病虫害发生和危害的条件,有机地采取各种必要的控制方法,使之取长补短,相辅相成,以达到经济、安全、有效地控制病虫害的发生。

本章小结

植物保护是花卉生产的重要保障。花卉病害,分为真菌性病害、细菌性病害、病毒性病害、线虫性病害和生理性病害。依据危害花卉的部位和方式可将有害生物分为食叶害虫、刺吸害虫、钻蛀害虫、地下害虫和其他有害动物。花卉病虫害的控制方法有植物检疫、农业控制、物理机械控制、生物控制、化学控制、综合控制等。

复习与思考

1. 花卉病害主要有哪些种类，如何予以区别？
2. 花卉害虫主要有哪些种类，如何予以区别？
3. 结合实际，说明如何对花卉的病虫害进行综合控制。

第五章

相关政策与法规

> ☞ 学习目标
>
> 熟悉相关法律、法规及相关内容。

第一节 《中华人民共和国劳动法》相关知识

一、概　述

广义上劳动法指调整劳动关系以及与劳动关系有密切联系的其他关系的法律规范总和,狭义劳动法是指由中华人民共和国第八届全国人民代表大会常务委员会第八次会议于1994年7月5日通过,自1995年1月1日起施行的《中华人民共和国劳动法》。主要分为总则、促进就业、劳动合同和集体合同、工作时间和休息休假、工资、劳动安全卫生、女职工和未成年工特殊保护、职业培训、社会保险和福利、劳动争议、监督检查、法律责任、附则等十三部分。

二、相关内容

第六十六条　国家通过各种途径,采取各种措施,发展职业培训事业,开发劳动者的职业技能,提高劳动者素质,增强劳动者的就业能力和工作能力。

第六十七条　各级人民政府应当把发展职业培训纳入社会经济发展的规划，鼓励和支持有条件的企业、事业组织、社会团体和个人进行各种形式的职业培训。

第六十八条　用人单位应当建立职业培训制度，按照国家规定提取和使用职业培训经费，根据本单位实际，有计划地对劳动者进行职业培训。从事技术工种的劳动者，上岗前必须经过培训。

第六十九条　国家确定职业分类，对规定的职业制定职业技能标准，实行职业资格证书制度，由经过政府批准的考核鉴定机构负责对劳动者实施职业技能考核鉴定。

第二节　《中华人民共和国环境保护法》相关知识

一、概　述

1979年，我国正式颁布了《中华人民共和国环境保护法（试行）》，试行法使用了十年，对我国的环境保护工作起到了很大推动作用。1989年，为了适应我国经济体制改革新形势的需要，对《试行法》进行了修订，并于1989年12月颁布了《中华人民共和国环境保护法》。该法共分总则、环境监督管理、保护和改善环境、防治环境污染和其他公害、法律责任和附则6章，内容涉及我国环保工作的各个方面。

二、相关内容

第十七条　各级人民政府对具有代表性的各种类型的自然生态系统区域、珍稀、濒危的野生动植物自然分布区域，重要的水源涵养区域，具有重大科学文化价值的地质构造、著名溶洞和化石分布区、冰川、火山、温泉等自然遗迹，以及人文遗迹、古树名木，应当采取措施加以保护，严禁破坏。

第十八条　在国务院、国务院有关主管部门和省、自治区、直辖市人民政府划定的风景名胜区、自然保护区和其他需要特别保护的区域内，不得建设污染环境的工业生产设施；建设其他设施，其污染物排放不得超过规定的排放标准。已经建成的设施，其污染物排放超过规定的排放标准的，限期治理。

第十九条 开发利用自然资源，必须采取措施保护生态环境。

第二十条 各级人民政府应当加强对农业环境的保护，防止土壤污染、土地沙化、盐渍化、贫瘠化、沼泽化、地面沉降化和防止植被破坏、水土流失、水源枯竭、种源灭绝以及其他生态失调现象的发生和发展，推广植物病虫害的综合防治，合理使用化肥、农药及植物生长激素。

第二十二条 制定城市规划，应当确定保护和改善环境的目标和任务。

第二十三条 城乡建设应当结合当地自然环境的特点，保护植被、水域和自然景观，加强城市园林、绿地和风景名胜区的建设。

第四十四条 违反本法规定，造成土地、森林、草原、水、矿产、渔业、野生动植物等资源破坏的，依照有关法律的规定承担法律责任。

第三节 《中华人民共和国种子法》相关知识

一、概 述

《中华人民共和国种子法》于2000年7月8日经九届全国人大常委会第十六次会议通过，并于当日由中华人民共和国第三十四号主席令发布，于2000年12月1日起施行。主要分为总则、种质资源保护、品种选育与审定、种子生产、种子经营、种子使用、种子质量、种子进出口和对外合作、种子行政管理、法律责任和附则共11章内容。种子法是我国第一部规范农作物和林木的品种选育及种子生产、经营、使用、管理等活动的法律，对我国农业和林业的发展具有重要意义。

二、相关内容

第八条 国家依法保护种质资源，任何单位和个人不得侵占和破坏种质资源。

第十一条 国务院农业、林业、科技、教育等行政主管部门和省、自治区、直辖市人民政府应当组织有关单位进行品种选育理论、技术和方法的研究。

国家鼓励和支持单位和个人从事良种选育和开发。

第十二条 国家实行植物新品种保护制度，对经过人工培育的或者发现的野生植物加以开发的植物品种，具备新颖性、特异性、一致性和稳定性的，授予植物新品种权，保护植物新品种权所有人的合法权益。具体办法按照国家有关规定执行。选育的品种得到推广应用的，育种者依法获得相应的经济利益。

第二十条 主要农作物和主要林木的商品种子生产实行许可制度。

第二十六条 种子经营实行许可制度。种子经营者必须先取得种子经营许可证后，方可凭种子经营许可证向工商行政管理机关申请办理或者变更营业执照。

第三十九条 种子使用者有权按照自己的意愿购买种子，任何单位和个人不得非法干预。

第四十三条 种子的生产、加工、包装、检验、贮藏等质量管理办法和行业标准，由国务院农业、林业行政主管部门制定。农业、林业行政主管部门负责对种子质量的监督。

第四十九条 进口种子和出口种子必须实施检疫，防止植物危险性病、虫、杂草及其他有害生物传入境内和传出境外，具体检疫工作按照有关植物进出境检疫法律、行政法规的规定执行。

第四节　《中华人民共和国森林法》相关知识

一、概　述

《中华人民共和国森林法》是1984年9月20日第六届全国人民代表大会常务委员会第七次会议通过，根据1998年4月29日第九届全国人民代表大会常务委员第二次会议《关于修改〈中华人民共和国森林法〉的决定》修正，自1985年1月1日起施行。制定本法的目的是保护、培育和合理利用森林资源，加快国土绿化，发挥森林蓄水保土、调节气候、改善环境和提供林产品的作用，适应社会主义建设和人民生活的需要。

二、相关内容

第三条 森林资源属于国家所有，由法律规定属于集体所有的除外。

第四条 森林分为以下五类：

（一）防护林：以防护为主要的目的的森林、林木和灌木丛，包括水源涵养林，水土保持林，防风固沙林，农田、牧场防护林，护岸林，护路林；

（二）用材林：以生产木材为主要目的的森林和林木，包括以生产竹材为主要目的的竹林；

（三）经济林：以生产果品，食用油料、饮料、调料，工业原料和药材等为主要目的的林木；

（四）薪炭林：以生产燃料为主要目的的林木；

（五）特种用途林：以国防、环境保护、科学实验等为主要目的的森林和林木，包括国防林、实验林、母树林、环境保护林、风景林，名胜古迹和革命纪念地的林木，自然保护区的森林。

第八条 国家对森林资源实行以下保护性措施：

（一）对森林实行限额采伐，鼓励植树造林、封山育林，扩大森林覆盖面积；

（二）根据国家和地方人民政府有关规定，对集体和个人造林、育林给予经济扶持或者长期贷款；

（三）提倡木材综合利用和节约使用木材，鼓励开发、利用木材代用品；

（四）征收育林费，专门用于造林育林；

（五）煤炭、造纸等部门，按照煤炭和木浆纸张等产品的产量提取一定数额的资金，专门用于营造坑木、造纸等用材林；

（六）建立林业基金制度。

第五节 《中华人民共和国植物新品种保护条例》相关知识

一、概　述

《中华人民共和国植物新品种保护条例》于 1997 年 10 月 1 日起施行，是对植物新品种采用专门法进行保护的法律制度，标志着我国对植物新品种保护的法律体系框架已基本建立。本条例共 8 章 46 条，内容包括：植物新品种权的内容和归属、授予品种权的条件、品种权的申请和受理、品种权的审查和批准、品种权的期限、终止和无效、侵犯品种权的法律责任。

二、相关内容

第二条　本条例所称植物新品种，是指经过人工培育的或者对发现的野生植物加以开发，具备新颖性、特异性、一致性和稳定性并有适当命名的植物品种。

第十四条　授予品种权的植物新品种应当具备新颖性。新颖性，是指申请品种权的植物新品种在申请日前该品种繁殖材料未被销售，或者经育种者许可，在中国境内销售该品种繁殖材料未超过 1 年；在中国境外销售藤本植物、林木、果树和观赏树木品种繁殖材料未超过 6 年，销售其他植物品种繁殖材料未超过 4 年。

第十五条　授予品种权的植物新品种应当具备特异性。特异性，是指申请品种权的植物新品种应当明显区别于在递交申请以前已知的植物品种。

第十六条　授予品种权的植物新品种应当具备一致性。一致性，是指申请品种权的植物新品种经过繁殖，除可以预见的变异外，其相关的特征或者特性一致。

第十七条　授予品种权的植物新品种应当具备稳定性。稳定性，是指申请品种权的植物新品种经过反复繁殖后或者在特定繁殖周期结束时，其相关的特征或者特性保持不变。

第三十四条　品种权的保护期限，自授权之日起，藤本植物、林木、果树和观赏树木为 20 年，其他植物为 15 年。

第六节 《中华人民共和国进出境动植物检疫法》相关知识

一、概述

《中华人民共和国进出境动植物检疫法》1991 年 10 月 30 日第七届全国人民代表大会常务委员会第二十二次会议通过，中华人民共和国主席令第 53 号发布，自 1992 年 4 月 1 日起执行。《中华人民共和国进出境动植物检疫法》及其他有关文件规定，凡进出境植物、植物产品和其他检疫物都要实施检疫。进出境植物检疫的目的是防止外来的危险性植物病、虫、杂草及其他有害生物传入商品进口国。在防治有害生物的综合措施中，实施检疫是最为经济有效的，具有保护国家根本利益的特殊作用。

二、相关内容

第二条 进出境的动植物、动植物产品和其他检疫物，装载动植物、动植物产品和其他检疫物的装载容器、包装物，以及来自动植物疫区的运输工具，依照本法规定实施检疫。

第五条 国家禁止下列各物进境：

（一）动植物病原体（包括菌种、毒种等）、害虫及其他有害生物；

（二）动植物疫情流行的国家和地区的有关动植物、动植物产品和其他检疫物；

（三）动物尸体；

（四）土壤。

第十条 输入动物、动物产品、植物种子、种苗等其他繁殖材料的，必须事先提出申请，办理检疫审批手续。

第四十六条 本法下列用语的含义是：

（三）"植物"是指栽培植物、野生植物及其种子、种苗及其他繁殖材料等；

（四）"植物产品"是指来源于植物未经加工或者虽经加工但仍有可能传播病虫害的产品，如粮食、豆、棉花、油、麻、烟草、籽仁、干果、鲜果、蔬菜、生药材、木材、饲料等。

第七节　WTO相关知识

一、概　述

世界贸易组织（WTO）成立于1995年1月1日，它取代了1947年成立的关贸总协定（GATT），目前它是世界上最年轻的国际组织之一。WTO的成员国目前有140家，占世界贸易的90％以上，现有超过30个国家正在申请成员国资格。世界贸易组织（WTO）成立的目的是处理国际贸易规则，保证国际贸易顺利、可预测和透明地进行。

二、相关内容

WTO农产品贸易规则由13部分、21条和5个附录组成，主要内容包括：将非关税措施关税化，非关税措施关税化后的关税税率不得随意提高；相互减让约束关税；削减补贴，即减少对农产品的补贴，主要是削减对小麦、谷物、肉奶制品和糖的补贴。作为发展中国家一般有10年过渡期实施它们的削减关税和补贴计划，这也是中国要求以发展中国家身份加入WTO的原因。

农产品贸易市场准入方面包括关税和非关税两方面的规定。在关税方面，包括关税削减、关税约束和关税高峰，要求发达国家的关税税目约束比例由58％提高到99％，并将在6年内削减36％的关税；发展中国家税目约束比例由17％猛增到89％，并在10年内削减24％的关税。非关税措施全部关税化，并进行约束和削减，同时列入乌拉圭回合议定书的关税和非关税减让表、农产品市场准入协议的清单之中。WTO首次将世界贸易规则延伸至农产品。在农产品补贴方面规定，除关税削减和非关税措施关税化外，还要求各国在6年内将实行补贴的农产品出口减少21％，并保证农产品进口从占本国农产品消费总量的3％扩大到占5％以上。

本章小结

> 政策与法规是社会行为的规范和准则，懂得法律政策、法规是公民素质的表现。本章阐述和花卉生产经营相关的七类政策、法规知识，突出实用性和可操作性。

复习与思考

结合实际，利用所学政策、法规，谈谈花卉生产者和经营如何正确维护自身的利益，同时必须承担哪些义务？

第六章

产品质量标准

> ☞ **学习目标**
> 熟悉花卉产品质量标准及主要内容。

第一节 主要花卉产品等级

一、概 述

2000年11月16日国家技术监督局发布了花卉系列的7个标准,从2001年4月1日开始实施。标准的标准号和标准名称如下:GB/T18247.1《主要花卉产品等级第一部分:鲜切花》;GB/T18247.2《主要花卉产品等级第二部分:盆花》;GB/T18247.3《主要花卉产品等级第三部分:盆栽观叶植物》;GB/T18247.4《主要花卉产品等级第四部分:花卉种子》;GB/T18247.5《主要花卉产品等级第五部分:花卉种苗》;GB/T18247.6《主要花卉产品等级第六部分:花卉种球》;GB/T18247.7《主要花卉产品等级第七部分:草坪》。

二、主要内容

《主要花卉产品等级第一部分:鲜切花》规定了月季、唐菖蒲、香石竹、菊花、非洲菊、满天星、亚洲型百合、东方型百合、麝香百合、马蹄莲、火鹤、鹤望兰、肾蕨、银芽柳共 14 种主要鲜切花产品的一级品、二级品和三级品的质量等级指标。

《主要花卉产品等级第二部分：盆花》规定了金鱼草、四季海棠、蒲包花、温室凤仙、矮牵牛、半支莲、四季报春、一串红、瓜叶菊、长春花、国兰、菊花、小菊、仙客来、大岩桐、四季米兰、山茶花、一品红、茉莉花、杜鹃花、大花君子兰共 21 种主要盆花产品的一级品、二级品和三级品的质量等级指标。

《主要花卉产品等级第三部分：盆栽观叶植物》规定了香龙血树（巴西木，三桩型）、香龙血树（巴西木，单桩型）、香龙血树（巴西木，自根型）、朱蕉、马拉巴栗（发财树，3~5 辫型）、马拉巴栗（发财树，单株型）、绿巨人、白鹤芋、绿帝王（丛叶喜林芋）、红宝石（红柄蔓绿绒）、花叶芋、绿萝（藤芋）、美叶芋、金皇后、银皇后、大王黛粉叶、洒金榕（变叶木）、袖珍椰子、散尾葵、蒲葵、棕竹、南杉、孔雀竹芋、果子蔓共 24 种主要盆栽观叶植物产品的一级品、二级品和三级品的质量等级指标。

《主要花卉产品等级第四部分：花卉种子》规定了 48 种主要花卉种子产品的一级品、二级品和三级品的质量等级指标，及各级种子含水率的最高限和各级种子的每 g 粒数。

《主要花卉产品等级第五部分：花卉种苗》规定了香石竹、菊花、满天星、紫菀、火鹤、非洲菊、月季、一品红、草原龙胆、补血草 10 种主要花卉种苗产品的一级品、二级品和三级品的质量等级指标。

《主要花卉产品等级第六部分：花卉种球》规定了亚洲型百合、东方型百合、铁炮百合、L－A 百合、盆栽亚洲型百合、盆栽东方型百合、盆栽铁炮百合、郁金香、鸢尾、唐菖蒲、朱顶红、马蹄莲、小苍兰、花叶芋、喇叭水仙、风信子、番红花、银莲花、虎眼万年青、雄黄兰、立金花、蛇鞭菊、观音兰、细颈葱、花毛茛、夏雪滴花、全能花、中国水仙 28 种主要花卉种球产品的一级至五级品的质量等级指标。

《主要花卉产品等级第七部分：草坪》分别规定了主要草坪种子等级标准、草坪草营养等级标准、草皮等级标准、草坪植生带等级标准、开放型绿地草坪等级标准、封闭型绿地草坪等级标准、水土保持草坪等级标准、公路草坪等级标准、飞机场跑道区草坪等级标准、足球场草坪等级标准。

《花卉》系列国家标准中的每个标准不仅规定了产品的等级划分原则、控制指标，还规定了质量检测方法。

第二节 林木种子检验规程（GB2772—1999）

一、概　述

本标准适用于林木种子生产者、经营管理者和使用者在种子采收、调运、播种、贮藏以及国内外贸易时所进行的种子质量的检验。

二、主要内容

本标准规定了造林绿化树种种子检验的抽样、净度分析、发芽测定、生活力测定、优良度测定、种子健康状况测定、含水量测定、重量测定以及X射线测定的原则和方法，还规定了质量检验证书的内容和格式。

第三节 主要造林树种苗木质量分级（GB6000—1999）

一、概　述

1985年，国家质量技术监督局发布了90个主要造林树种的苗木生产技术标准。1999年进行了修订并重新发布《主要造林树种苗木质量分级》，增加了19个树种，去掉了11个树种。本标准适用于植树造林用的露地培育的裸根苗木，不适用于容器苗和温室中培育的苗木。

二、主要内容

本标准共分四个部分，着重规定了苗木种类、苗龄、一批苗木、地径、苗高、根系长度和根幅、I级侧根、苗木新根生长数量的定义、分级要求和苗木等级、苗木的抽样检验方法等。本标准规范了绿化苗木等级，便于市场交易和监督管理。

第四节 育苗技术规程（GB6001—85）

一、概　述

本规程是林业部造林绿化和森林经营司发布，由中国林业科学研究院、林业科学研究所归口，适用于露地培育的供植树造林的苗木，不适用于供城市绿化和果树的苗木。国营苗圃必须贯彻执行，集体苗圃和个体育苗户可参照执行。部分地区和苗圃具有自己的育苗技术规程。

二、主要内容

本规程共分为13个部分，包括苗圃的建立、作业设计、土壤管理、施肥、作业方式、播种育苗、营养繁殖、移植育苗、苗期管理、灾害防除、苗木调查和出圃、科学实验、苗圃档案等一系列的育苗技术标准与规程，内容全面完整，对育苗生产具有十分重要的指导和实践意义。

第五节　城市绿化管理条例

一、概　述

为了促进城市绿化事业的发展，改善生态环境，美化生活环境，增进人民身心健康，国务院于1992年制定了本条例。本条例适用于在城市规划区内种植和养护树木花草等城市绿化的规划、建设、保护和管理。国务院设立全国绿化委员会，统一组织领导全国城乡绿化工作，其办公室设在国务院林业行政主管部门。本条例自1992年8月1日起施行。目前，城市绿化事业蓬勃发展，部分省、自治区、直辖市人民政府依照本条例制定了新的地方条例和实施办法。

二、主要内容

本条例共 5 章 34 条。第一章为总则，主要规定了本条例的目的、适用范围、执行对象和行政归属等内容。第二章为规划和建设，着重规定了城市绿化的主管部门、设计方法、施工要求等内容。第三章为保护和管理，着重规定了城市绿化的管理部门、绿地归属、古树名木的保护方法等内容。第四章为罚则，规定了城市绿化处罚的受权部门、对象、办法等内容。最后为第五章附则。

本章小结

> 产品质量是花卉生产的最终目标。《主要花卉产品等级》、《林木种子检验规程》、《主要造林树种苗木质量分级》、《育苗技术规程》、《城市绿化管理条例》规定了多种花卉商品的标准。

复习与思考

1. 《主要花卉产品等级》主要内容是什么？
2. 《林木种子检验规程》主要内容是什么？
3. 《主要造林树种苗木质量分级》主要内容是什么？
4. 《育苗技术规程》主要内容是什么？
5. 《城市绿化管理条例》主要内容是什么？

第七章

安全生产

> **学习目标**
> 掌握花卉生产相关的安全知识及安全防范措施。

第一节 花卉栽培设施安全使用知识

一、花卉栽培设施的使用特点

花卉栽培设施是指人为建造的适宜或保护不同类型的花卉正常生长发育的各种建筑及设备,主要包括温室、塑料大棚、冷床与温床、荫棚、风障、冷窖等。一般来说,大多数花卉栽培设施不如房屋等建筑牢固、稳定、长久和防火,安全系数比较低,但危险的程度不太高。设施种类繁多,使用特点各有不同,使用时要具体情况具体对待。

二、花卉栽培设施的安全使用方法

1. 简易设施 设计时首先要根据当地的气候考虑生产安全,然后再考虑栽培要求。平时要经常检查设施的陈旧程度和结构的变形等情况,及时维护,排除可能出现问题的隐患。使用时要清楚设施的特点,不能超过其负载能力,以免使用不当,造成危害。

2. 高档设施　由专业人员进行建造，结构上科学合理，但比较复杂。在使用前要接受专业人员的培训，认真阅读使用说明书。使用时按规范科学合理地进行操作，特别是具有电子、机械设备的设施。

第二节　安全用电知识

一、用电安全的基本原则

1. 防止电流经由身体的任何部位通过。
2. 限制可能流经人体的电流，使之小于电击电流。
3. 在故障情况下触及外露可导电部分时，可能引起流经人体的电流等于或大于电击电流时，能在规定的时间内自动断开电流。
4. 正常工作时的热效应防护，应使所在场所不会发生因地热或电弧引起可燃物燃烧或使人遭受灼伤的危险。

二、电击防护的基本措施

1. 直接接触防护应选用绝缘、屏护、安全距离、限制放电能量、24V及以下安全特低电压、用漏电保护器作补充保护或间接接触防护的一种或几种措施。
2. 间接接触防护应选用双重绝缘结构、安全特低电压、电气隔离、不接地的局部等电位连接、不导电场所、自动断开电源、电工用个体防护用品或保护接地（与其他防护措施配合使用）的一种或几种措施。

第三节　手动工具与机械设备的安全使用知识

一、主要手动工具的安全使用

使用工具人员，必须熟知工具的性能、特点、使用、保管、维修及保养方法。各种施工工具必须是正式厂家生产的合格产品。作业前必须对工具进行检查，严禁使用腐蚀、变形、松动、有故障、破损等不合格工具。工具在使用中不得进行高速修理。带有牙口、刃口尖锐的工具及转动部分应有防护装置。正确存放工具不仅能使它们经久耐用，而且还可以避免伤害发生。如果附近有小孩子，最好将小刀和其他危险工具放在上锁的箱子里，或者尽可能地将这些工具挂起来。悬挂大件工具时，一定要确认承挂件的结实程度。

二、主要机械设备的安全使用

1. 安全使用带电工具

在使用前，应该仔细阅读说明书。有一些工具使用不同的刀片，挑出正确的，并检查是否安装得当。在空气湿度大或潮湿的环境，不要使用电动园艺工具。工具的电源插头插在户外插座上，并确定插座与室内的断路开关连接在一起，而且应该使用三角插座。使用电动篱笆修剪器时，一定要用双手操作。不要修剪你看不清的地方，如果碰到了金属或其他坚硬的物体，反弹回来的碎片会伤到你。如果站在梯子上作业，在打开修剪器的开关前，一定要检查梯子是否结实，摆放是否稳当。

2. 安全使用割草机

在草坪修剪作业之前，先清除草坪上的杂物，如石块、碎砖、废弃的水管、棍棒等。使用手推式割草机，经过斜坡时，应使四个轮子全部着地，以防机器倾翻；使用坐骑式割草机，避免在坡度较大的斜坡上开动、停止或转弯。禁止在未关闭机器前检查、修理转动部件。不要将割草机或其他工具放在户外。如果没有工具房或车库，应在机具上覆盖一层防水油布或厚塑料布。

第四节 农药、肥料、化学药品的安全使用和保管知识

一、农药的安全使用和保管知识

农药除能杀虫、治病、除草处，对其他生物也有程度不等的毒害。因此，使用农药时应考虑到人、畜和其他有益生物的安全。通常所指的农药安全使用，主要是针对人、畜的安全而言。农药急性中毒事故，大都是由于误食、滥用、操作不当、对剧毒农药管理不严所引起。农药慢性中毒，主要是使用不当所造成。应针对这些中毒原因，制订出农药的安全使用和保管措施。

1. 严格遵守操作规程

配药或拌种要有专人负责。配药时，液剂要用量杯，粉剂则用秤称，按规定倍数稀释，不得任意提高使用浓度。拌种必须用工具搅拌，严禁与手接触。施药前，要检查和修理好配药和施药工具。施药人员，必须选择工作认真、身体健康、懂使用技术的成年人。小孩、体弱多病、患皮肤病或农药中毒治愈不久、怀孕、哺乳及经期的妇女应尽量少接触农药。使用剧毒农药时，必须穿长袖衣和长裤、戴口罩、禁止吃东西、抽烟和开玩笑。施药工具中途出现故障，要放气减压洗净后再修理。每天实际操作时间，不宜超过 6h，连续打药 3～5d 后，应换工一次。收工时，要用肥皂及时洗净手、脸、换洗衣裤等。凡接触过药剂的用具，应先用 5%～10% 碱水或石灰水浸泡，再用清水洗净。

2. 健全农药保管制度

农药要有专人、专仓或专柜保管，并须加锁，绝对不能和食物混放一室，更不能放在卧房。要有出入登记账簿。用过的空瓶、药袋要收回妥善处理，不得随意拿放，更不得盛装食物。施药的器具也要有明显的标记，不可随便乱用。如果发现药瓶上标签脱落，应随即补贴，以防误用。

二、肥料的安全使用和保管知识

1. 肥料的安全使用

根据优化配方施肥技术，科学合理施肥，推广有机肥和化肥配合使用，合理使用氮肥。肥料必须具有"三证"（生产许可证、肥料登记证、执行标准号）。所使用的商品肥料（包括微生物肥料）应符合有关国家标准、行业标准的要求；对于实行生产许可证、肥料登记证管理制度的肥料品种，必须使用获证企业的产品。有机肥要充分腐熟、发酵，重金属含量、卫生指标等要符合相关标准。禁止使用硝态氮肥、城市废弃物、泥肥和磁化肥料。混合使用肥料时要注意有的肥料可以混合，有的肥料却不能，还有的肥料混合后应立即使用，不可久放。

2. 肥料的保存

肥料要有专人保管，按品种分堆贮存，并贴上标签。存放地点要干燥阴凉，防火防爆，固定安全。肥料进出要有记录，谨防腐蚀和中毒。

三、其他常见化学药品的安全使用和保管知识

花卉生产中除了使用农药和化肥外，还需要用到一些化学药品。大部分化学药品都具有一定的毒性，有的还是易燃易爆危险品，因此必须了解一般化学药品的安全使用及保管方法。化学药品应放在贮藏室中，由专人保管。贮藏室应是朝北的房间，避免阳光照射使室温过高及试剂见光变质。需低温保存的药品应放在冰箱中。室内应干燥通风，严禁明火。危险物品应按国家公安部门的规定管理。配制的试剂溶液都应根据试剂的性质及用量盛装于有塞的试剂瓶中，见光易分解的试剂装入棕色瓶中，需滴加的试剂及指示剂装入瓶中，整齐排列于试剂架上。排列的方法可以按各分析项目所需试剂配套排列，指示剂可排列在小阶梯式的试剂架上。试剂瓶的标签大小应与瓶子大小相称，书写要工整，标签应贴在试剂瓶的中上部，上面刷一薄层蜡，以防腐蚀脱落。应经常擦拭试剂容器以保持清洁。过期失效的试剂应及时更换。

本章小结

> 安全是花卉生产的首要条件。花卉栽培设施、手动工具、机械设备、农药、肥料、化学药品等,要根据各自的特点合理、科学地使用,确保生产安全。

复习与思考

1. 如何安全使用花卉栽培设施?
2. 如何安全使用园艺手动工具?
3. 如何安全使用园艺带电工具?
4. 如何安全使用割草机?
5. 如何安全使用农药、肥料和化学药品?

第一篇

花卉生产设施建设及设备使用

第一章

生产设备的准备

> ☞ 学习目标
>
> 掌握土壤质地的特性及改良方法,熟悉基质材料的种类和特性,掌握栽培基质的配制方法。

第一节 土壤质地及其改良

一、土壤质地类别及特性

(一) 砂土类

砂性土的肥力特征是蓄水力弱,养分含量低,保肥性较差,土温变化较快,但通气性和透水性好,并且容易耕作。

(二) 黏土类

黏土孔隙很小,通气不良,透水性差,耕作比较困难,但钾、钙、镁等矿物质含量丰富,养分含量较高,保水力和保肥力较强,土温稳定。

(三) 壤土类

这是介于于黏土和砂土之间的一种土壤质地类别。土壤中砂粒、粉砂粒和粘粒的比例适当,兼具砂土和黏土的特点。既有良好的通气透水性,又有一定的保水保肥能力,土温比较稳定,耕性好,适耕期较长,适合大多数花木的栽培。

二、土壤改良

观赏植物的栽培，大都要求团粒结构良好，土层深厚，水、肥、气、热协调的土壤。一般壤土、砂壤土、粘壤土都适合花木的栽培，但遇到理化性状较差的粘性土和砂性土，或者遇到因建筑等原因使土层被打乱时，就需要对土壤进行改良。

（一）粘性土的改良

为改善黏土的透气性，在向黏土掺沙的同时混入纤维含量高的作物秸秆、稻壳等有机肥，可有效地改良此类土壤的通透性。

（二）砂性土的改良

砂性土保水、保肥性能差，有机质含量低，土表温度变化剧烈。常采用"填淤"（掺入塘泥、河泥）结合增施纤维含量高的有机肥来改良。近年来国外已有使用"土壤结构改良剂"的报道。改良剂多为人工合成的高分子化合物，施用于砂性土壤作为保水剂或促使土壤形成团粒结构。

（三）劣质土壤的改良

1. 盐碱地的改良

盐碱地的主要危害是土壤含盐量高和离子毒害。当土壤的含盐量高于土壤含盐量临界值的0.2%时，土壤溶液浓度过高，植物根系很难从中吸收水分和营养物质，引起"生理干旱"和营养缺乏症。另外盐碱地的土壤酸碱度高，一般pH值都在8以上，使土壤中各种营养物质的有效性降低。

改良的技术措施有，①适时合理地灌溉，以水洗盐或以水压盐；②多施有机肥，种植绿肥作物如苜蓿、草木樨、百脉根、田菁、扁蓿豆、偃麦草、黑麦草、燕麦、绿豆等，以改善土壤不良结构，提高土壤中营养物质的有效性；③施用土壤改良剂，提高土壤的团粒结构和保水性能。④中耕（切断土表的毛细管），地表覆盖，减少地面过度蒸发，防止盐碱上升。

2. 黏重土壤的改良

在我国长江以南的丘陵山区多为红壤土，土质极其黏重，容易板结，有机质含量少，且严重酸性化。

改良的技术措施有：①掺沙，又称掺客土，一般1份黏土+2～3份沙；②增施有机肥和广种绿肥作物，提高土壤肥力和调节酸碱度。但尽量避免施用酸性肥料，可用草木灰和石灰（750～1050kg/hm²）等。适用的绿肥作物有，紫云英、豇豆、蚕豆、二月兰、油菜等；③合理耕作，实施免耕或少耕，实施生草法等土壤管理措施。

3. 沙荒地的改良

在我国黄河故道和西北地区有大面积的沙荒地，这些地域的土壤构成主要为沙粒，有机质极为缺乏，温、湿度变化大，无保水、保肥能力。

改良的技术措施有，①设置防风林网，防风固沙；②发掘灌溉水源，地表种植绿肥作物，加强覆盖；③培土填淤与增施有机肥结合；④施用土壤改良剂。

4. 土壤酸碱度的调节

土壤的酸碱度对各种园艺植物的生长发育影响很大。土壤中必需营养元素的可给性，土壤微生物的活动，根部吸水、吸肥的能力以及有害物质对根部的作用等，都与土壤pH值有关。土壤过酸时可加入草木灰、适量石灰，或种植碱性绿肥作物如紫云英、豇豆、蚕豆、二月兰、油菜等来调节；土壤偏碱时宜加入适量的硫酸亚铁，或种植酸性绿肥作物如苜蓿、草木樨、百脉根、田菁、扁蓿豆、偃麦草、黑麦草、燕麦、绿豆等来调节。

第二节 栽培基质的配制

一、基质种类

在花卉生产中，盆栽（盆花、观叶植物、盆景等）是主要方式之一。盆栽基质（或称盆土）一般需人工配制。用于花卉栽培的基质种类很多，主要有：

河沙：不含有机质，洁净，酸碱度为中性，适于扦插育苗、播种育苗以及直接栽培仙人掌及多浆植物。

园土：菜园、果园、竹园等的表层砂壤土，土质比较肥沃，呈中性或偏酸或偏碱。

腐叶土：由树叶、菜叶等腐烂而成，含有大量的有机质，疏松肥沃，透气性和排水性良好。呈弱酸性。（以杨、柳、榆、槐、法国梧桐、苦楝、麻栎等容易腐烂的落叶为好）。

松针土：在山区森林里松树的落叶经多年的腐烂形成的腐殖质，即松针土。松针土呈灰褐色，较肥沃，透气性和排水性良好，呈强酸性反应，适于杜鹃花、栀子花、茶花等喜强酸性的花卉。

草炭土：又称泥炭土，是由芦苇等水生植物，经泥炭藓的作用炭化而成。草炭土柔软疏松，排水性和透气性良好，呈弱酸性反应，为良好的扦插基质。用草炭土栽培原产南方的兰花、山茶、桂花、白兰等喜酸性花卉较为适宜。

塘泥：或称河泥。在秋冬季节捞取池塘或湖泊中的淤泥，晒干粉碎后与粗砂、谷壳灰或其他轻质疏松的土壤混合使用。

草皮土：在天然牧场或草地，挖取表层10cm的草皮，层层堆积，经一年或更长时间的腐熟，过筛清除石块草根等而成。草皮土的养分充足，呈弱酸性反应。

沼泽土：在沼泽地干枯后，挖取其表层土壤，为良好的盆土原料。沼泽土的腐殖质丰富，肥力持久，呈酸性，但干燥后易板结、龟裂。应与粗砂等混合使用。

谷壳灰：又称砻糠灰，是谷壳燃烧后形成的灰，呈中性或弱酸性反应，含有较高的钾素营养，掺入土中可使土壤疏松、透气。

煤渣土：疏松、透气，排水性良好、清洁无菌，使用前需将新鲜的煤渣土浇水湿透，堆放一段时间，俗称退退"火气"，大块敲碎，粗渣垫在花盆底部作排水层，细末放在上面。

蛭石：是一种云母族矿物，无毒无菌，有良好的通气性、保水性，具有很高的阴离子交换量、良好的缓冲性和不溶于水的特性，化学性状稳定，隔热性能好。

珍珠岩：是火山硅酸盐在1200℃条件下燃烧膨胀而成的，持水性强，透气透水性好，但无缓冲性，偏碱性，且单独做基质太轻，根系生长不良，最好同其他基质混合使用。

木炭：是一种很好的盆土附加原料，木炭易吸水，增强土壤渗透性，促进根系呼吸作用，也可使盆土不致过于干燥，很适合栽培肉质根花卉及多浆植物。

木屑（锯末）：木屑具有疏松透气、渗水性强，持水、吸水力也好，还能不同程度地中和土壤中的酸碱性等优点，满足植物根系对水、肥、空气的要求，培育出的盆花枝繁叶茂、花香色艳。一般盆栽时用量不超过20%。

二、花卉营养土配置

根据当地的基质材料来源和栽培植物的需要，因地制宜、因植物制宜地加以选择和配制。花卉盆栽基质的一些常用配制方法见表4.1.1。

表4.1.1 花卉盆栽基质的配制

国 内	适用范围	成　　　分	体积比
	盆栽通用(1)	园土+腐叶+黄沙+骨粉	6∶8∶6∶1
	盆栽通用(2)	泥炭+黄沙+骨粉	12∶8∶1
	草花	腐叶土+园土+砻糠灰	2∶3∶1
	花木类	堆肥土+园土	1∶1
	宿根、球根花卉	堆肥土+园土+草木灰+细沙	2∶2∶1∶1
	多浆植物	腐叶土+园土+黄沙	2∶1∶1
	山茶、杜鹃、秋海棠	腐叶土+少量黄沙	
	气生兰类	苔藓、椰壳纤维或木炭块	
	种苗和扦插苗	壤土+泥炭+沙每100L另加过磷酸钙117g和生石灰58g	2∶1∶1
	杜鹃	壤土+泥炭或腐叶+沙	1∶3∶1
荷兰	盆栽通用	腐叶+黑色腐叶+河沙	10∶10∶1
英国	盆栽通用	腐叶土+细沙	3∶1
美国	盆栽通用	腐叶土+小粒珍珠岩+中粒珍珠岩	2∶1∶1

本章小结

土壤按质地可分为砂土、黏土、壤土三类，不同类型有各自特性。对于理化性状较差的粘性土和砂性土需要对其进行改良。用于花卉栽培的基质分为有机基质和无机基质，可根据当地的基质材料来源和栽培植物的需要，因地制宜、因植物制宜加以选择和配制。

复习与思考

1. 土壤按照质地不同分哪三类，有何特性？
2. 砂性土怎样改良？
3. 盐碱土怎样改良？
4. 岩棉作为栽培基质有和特性？
5. 常见盆栽基质如何配制？

第二章

温室设备

> **☞ 学习目标**
>
> 了解温室设备种类、功能和常见故障类型,掌握温室设备的使用方法和一般故障排除方法。

第一节 温室设备的种类及功能

温室要满足花卉的生产,需配备相关的设备,以调节温室内的环境,降低劳动强度,提高工作效率。温室内常见的设备有如下:

一、通风设备

温室的通风设备主要有顶窗、侧窗、排风扇及循环风扇。其功能是使温室内外空气互换,增加室内空气循环。如图 4-1-1～图 4-1-3 所示。

顶窗、侧窗的形式及启闭方式因温室类型的不同而异。玻璃温室一般采用电动齿轮齿条推拉式开闭;薄膜温室多采用卷膜机上下卷动薄膜开闭。排风扇放置或固定在温室夏季背风一侧的墙面或窗口。循环风扇则按一定的方向安装在温室内的半空中。

图 4-1-1　卷膜式顶窗

图 4-1-2　电动齿轮齿条推拉式侧窗

图 4-1-3　室内循环风扇

二、遮荫设备

温室遮荫设备分外遮荫和内遮荫（见图 4-1-4 及图 4-1-5 所示）。其主要功能是减弱太阳光的强度和降低温室温度。一般外遮荫的遮荫、降温效果较好，但造价较高且易损耗，有台风影响地区不适用；相比之下内遮荫造价较低，使用寿命较长，但降温效果不如外遮荫。外遮荫受日晒雨淋影响易老化，因此多选用结实耐用材料。理想的材料分上下两层，外层向阳面为铝箔（具有反射紫外线作用），内层为黑网。遮荫网是以聚烯烃树脂为主要原料，并加入防老化剂和各种色料，经拉丝编织而成的一种轻量化、高强度、耐老化的网状新型农用塑料覆盖材料。遮荫网覆盖栽培，具有遮光、调湿、保墒、防暴雨、防大风、防冻、防病虫鼠鸟害等多种功效。遮荫网有75%和45%两种遮光率的，高遮光率的适宜于强阴性花卉如大部分的蕨类植物、阴性花卉如兰科花卉上使用；全天候覆盖的，宜选用遮光率低于40%的网，或黑灰配色网，如大多数的室内观叶植物。

图 4-1-4 外遮荫　　　　　　　　图 4-1-5 内遮荫

　　商品遮荫（阳）网的遮荫率和幅宽有多种规格，可根据需要选择使用。
　　遮荫（阳）网的开闭机构分为钢丝绳牵引和齿条牵引（见图 4-1-6 和图 4-1-7 所示），相比较而言齿条牵引下遮荫网平直而且耐用，但是造价较高。

图 4-1-6 钢丝绳牵引　　　　　　图 4-1-7 齿条牵引

三、加温设备

　　温室加温方式可分为热水加温、蒸汽加温、热风加温、电热加温和红外线加温等。

1. 热水加温

热水加温一般用于大型现代化温室和冬季寒冷的北方地区，其加温设备相当于北方的供暖设施。需建造锅炉房，采用大型锅炉，将水加热至60~80℃，再由热水管道将热量带到温室内。冷却后的水再由管道送入锅炉继续加热，循环使用。此方式加热缓和，余热多，停机后保温性好，但因使用大量管道代价昂贵。

2. 蒸汽加温

蒸汽加温一般用于大型现代化温室和冬季寒冷的北方地区，其加温设备类似于热水加温，不同的是锅炉产生的100~110℃的蒸汽由管道送入温室，蒸汽冷却后形成的蒸馏水则排除室外。此方式余热时间短、余热少，停机后保温性差，也因使用大量管道而一次性投入较大。

3. 热风加温

热风加温多用于中小型温室和我国中南部地区。一般使用燃油热风机产生热量，由风机将热量通过悬空或铺设在温室内的塑料薄膜或帆布风道送到温室各处。此方式加热快，停机后几乎无保温性，使用方便，但使用成本高。如图4-1-8所示。

4. 电热线加温

将专用的电热线铺设在栽培基质中，使地温提高，具有装撤容易、热效率高的特点。利用控温器可进行较精确的控温，多用于苗床，但用电量大，且电热线使用寿命短；电热线的规格较多，常见的为每根60~160m长，400~1100W；电热线铺设在地面以下10cm深处，线间隔12~18cm，中间可稀些，边缘应密些。长江以南冬季温室每平方米铺设80~110W的电热线，可使地温提高15~25℃。

图4-1-8　燃油热风机

电热加温和红外线加温一般用于温室面积较小、对温度控制较严格的科研或教学温室。北方地区传统上使用炉道加温，但因燃料的热量利用率低、易污染环境而被逐渐淘汰。

四、降温设备

除遮荫网能起到一定降温作用外,温室内降温设备主要还有微雾系统和湿帘系统。

1. 微雾系统

采用水分快速蒸发带走热量的降温原理,经特制的铜管件由高压喷出雾化程度非常高的小雾滴(粒度约 0.015mm),在雾滴尚未落至地面即已蒸发,从而达到降温效果,可降温 4～10℃。微雾系统的缺陷在于造成空气湿度过大而引发病害,以及影响人工操作。如图 4-1-9 所示。

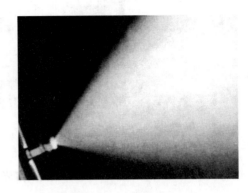

图 4-1-9 降温微雾喷头

2. 湿帘系统

由湿帘和风机两部分构成。湿帘(纸质蜂窝结构)一般安装在北墙,风机安装在南墙。在封闭的温室环境内,风机开启后将温室内空气排出室外使室内形成负压,同时水泵向湿帘供水,这样湿帘外的空气由于温室内的负压进入温室,在穿过湿帘缝隙过程中与冷水进行热交换,变成冷空气后进入室内,与室内空气进行热交换后被风机排出室外,从而达到降温的目的。如图 4-1-10 所示。

图 4-1-10 湿帘

由湿帘系统降温，温室内湿度不会过大，用水量小并且可以回收利用，可降温3~8℃，从湿帘到风机的距离（一般不超过50m）有一个温度梯度，湿帘附近的温度要比风机附近温度低1~3℃。

图4-1-11　风机

五、加光设备

加光设备主要用于人工补光。人工补光的目的有二：一是人工补充光照，用以满足花卉光周期的需要，以促进或延缓开花期；二是作为光合作用的能源，补充自然光的不足。如图4-1-12所示。

人工补光的光源是电光源。对人工补光的光源有三点要求：①要有一定的强度（使花卉叶片附近的光强在光补偿点以上和饱和点以下）；②要求光照强度具有一定的可调性；③要求有一定的光谱能量分布，可以模拟自然光照，具有太阳光的连续光谱。

根据不同作物的生长需要，以及生产者对花期调控的要求等，为温室配置加光设备，主要有高压钠灯、白炽灯等。

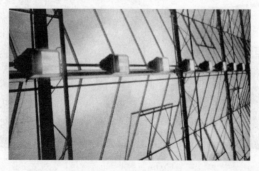

图4-1-12　补光设备

第二节 温室设备常见故障及其排除

一、通风设备常见故障

1. 电机限位脱离,要求人工操作时人员需在现场,电机运转到限位自动关闭后方可离开,否则引起电机过载损坏。

2. 电机卷动时将电线卷入并扯断电线,要求安装人员将电线理顺,自然垂挂在电机外侧。

二、遮荫设备常见故障

运作时间长后,钢丝绳、齿条传动部位易发生移、错位,造成遮荫网行条扭曲不平整等机械损伤,要求人工操作时人员需在现场,一有异响即停止运转。

三、加温设备常见故障

燃料供应堵塞,要求定期清理煤渣或清洗滤油杯;燃料供应中断,要求定期检查燃料供应箱。

四、降温设备常见故障

降温水帘中水路堵塞,一般由于水源含杂质较多或产生藻类,要求确保水源清洁或有相应的清洁设备,定期用清洁剂清洗管道。

以上温室设备均由电气化控制,一般都有主控制箱,较先进的温室可以由电脑自动调节以上设备来控制温室环境。

温室内探测仪主控制箱

很多设备都是在特定位置人够不着的地方,由控制箱操作,正常情况下不会发生故障。一旦发生故障,须由专业的维修人员进行。

本章小结

本章介绍了温室内常见的设备如通风、遮荫、加温、降温和加光设备的功能及用途，并对常见的故障和排除方法作了简介。

温室的设备主要包括通风设备、遮荫设备、加温设备、降温和加光设备。温室内顶窗、侧窗和循环风机是最常用的自然通风设备，外遮荫的降温效果好于内遮荫，但成本较高；加温方式要根据地域和成本实际情况加以选择；湿帘降温要与风机配合使用；补光的目的有两种：一是满足花卉光周期的需要，控制花期；二是作为光合作用的能源，补充自然光的不足。加温设备常见故障有燃料供应堵塞和供应中断，要求定期检查。

复习与思考

1. 温室内常见的设备有哪些？各自有何作用？
2. 加温设备常见故障是什么，如何排除？

第三章

植保与灌溉设备

☞ **学习目标**

掌握常用植保机具、灌溉设备的使用及维护方法。

第一节 植保机具的使用和维护

花卉生产上常用植保设备主要有打药机、喷粉机和熏蒸器。

一、打药机

打药机分大型喷雾机和小型喷雾机。

1. 大型喷雾机（图 4-1-13）

大型打药机分燃油动力和电动两类。汽油机作动力的打药机适用于露地使用，电动打药机适用于温室使用。其原因是汽油机产生的一些有害气体在温室较局限的空间里不易散发，会对作物造成危害。

2. 小型背负式喷雾机（图 4-1-14）

图 4-1-13 大型喷雾机

传统的背负式铁桶打药机已经被轻便的塑料桶所替代，带有小型电瓶电机的动力喷雾机效率更高。而小喷壶是适用于做小面积实验或家庭用的最小喷雾机。

使用注意事项：打药机的使用关键在于清洗药剂桶。每次用完必须彻底清洗药剂桶和管道。

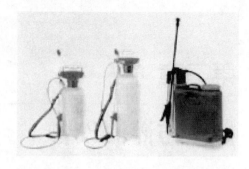

图 4-1-14 小型背负式喷雾机

不同类型的药剂要使用不同的打药机，防止药剂间产生反应致使药剂失效甚至对植物产生药害。

维护：动力喷雾机的维护主要是定期检查动力（包括燃料或电路）以及润滑油（有的电机含几种润滑油：机油、牛油、齿轮油等）。

二、熏蒸器

采用电加温的原理将易挥发的药剂熏蒸到空间中，起到防治病虫害的目的。常用的药剂有硫磺、敌敌畏等。如图 4-1-15 所示。

1. 主要功能

能够防治多种病虫害，对白粉病、黑斑病、叶斑病、霜霉病等真菌性病害和螨类虫害有特效。使用相应药剂可以防治真菌及细菌性病害。

2. 使用方法

（1）将蒸发器垂直挂于温室中央的支架上，接通电源；

（2）在装药前必须将钵体内的残渣彻底清除，药剂不宜装的太满（不超过钵体的 1/2）；

图 4-1-15 熏蒸器

（3）在将容器搁置在发热器上前，应将蒸发器表面及容器底部清理干净，使发热器与容器紧密接触，有利于温度传导和蒸发器正常工作；

（4）视气温高低和硫磺蒸发量，调节钵体与电热器的距离；

（5）应该在夜间温室封闭后进行工作，每次工作 2～3h。

第二节　灌溉设备使用及维护

生产中常用的灌溉设备有自走式浇水车、喷灌、滴灌、潮汐式灌溉、手工浇水工具等。

一、自走式浇水车

专业的育苗场配备有自走式浇水车，均匀的浇水量使种苗生长整齐。自走式浇水车自1998年引进我国后，已经历了数次革新：从当初简单的3档速度到现在的无级变速；从简单的设定往复次数到按时间、次数任意设定；从人工估计出水量到自动控制出水量；从电线、水管拖在地上到电水一体在轨道上。现在的自走式浇水车功能齐全、性能可靠，只需定期（一季度）保养电机、钢丝绳抹黄油。每次用完将水管中的水放空。另外值得注意的是，新机刚使用时水管容易脱轨，要随时注意人工辅助复位，一般磨合一段时间后即可解决。自走式浇水车见图4-1-16和图4-1-17所示。

图4-1-16　自走式浇水车（1）　　　图4-1-17　自走式浇水车（2）

二、喷灌系统

喷灌系统有很多种类，喷头的种类更是多种多样。喷灌多用于大面积粗放化管理，如苗圃、大型绿地、草坪等的管理。工作效率高，但用水量大。

1. 喷灌系统分类

喷灌系统分固定式、移动式和半固定式三类。固定式喷灌系统除竖管（也叫立管）外，干管、支管都埋于地下，并有固定的首部枢纽（泵房、水泵、动力机等）。这种喷灌系统投资较高，但管理比较方便。移动式喷灌系统的所有管道都可移动作业（包括水泵与动力机），同一套喷灌系统可在不同田块移动作业，因此单位面积投资较低，其缺点是管理操作劳动强度较大。半固定式喷灌系统枢纽和主干管固定，支管和竖管可移动作业，半固定式的优缺点介与前两者之间。固定式喷灌如图 4-1-18 所示。

图 4-1-18　固定式喷灌

2. 喷头的类型

喷头按工作压力分有低压、中压和高压三种。低压喷头的工作压力小于 20kPa 的喷头，中压喷头的工作压力为 200～500kPa，工作压力大于 500kPa 的称为高压喷头。中压喷头使用最多，一般喷灌都用中压喷头。对于小型苗圃、城市中的绿地、花坛常用低压喷头。目前用得较多的国产喷头有 ZY 型、PY 型、PYS 型等。进口喷头有美国的雨鸟、以色列的雷欧喷头等。如图 4-1-19 所示。

图 4-1-19　喷头类型

三、滴　灌

滴灌是通过安装在毛管上的滴头、孔口或滴灌带等灌水器将水一滴一滴地、均匀而又缓慢地滴入作物根区附近土壤中的灌水形式。由于滴水流量小，水滴缓慢入土，因而在滴灌条件下除紧靠滴头下面的土壤水分处于饱和状态外，其他部位的土壤水分均处于非饱和状态，土壤水分主要借助毛管张力作用入渗和扩散。滴灌的最大优点是节水，而其最大缺点就是滴头出流孔口小，流速低，容易堵塞。堵塞又可分为物理堵塞、化学堵塞和生物堵塞。滴灌又可以分为以下几种形式：

1. 固定式地面滴灌

一般是将毛管和滴头都固定布置在地面（干、支管一般埋在地下），整个灌水季节都不移动，毛管用量大，造价与固定式喷灌相近，其优点是节省劳力，由于布置在地面，施工简单而且便于发现问题（如滴头堵塞、管道破裂、接头漏水等），但是毛管直接受太阳曝晒，老化快，而且对其他农艺操作有影响，还容易受到人为的破坏。

2. 半固定式地面滴灌

为降低单位面积投资，只将干管和支管固定埋在田间，而毛管及滴头都是可以根据轮灌需要移动。投资仅为固定式的50%～70%。这样就增加了移动毛管的劳力，而且易于损坏。

图4-1-20　管上式滴头

图4-1-21　地下滴灌带

3. 膜下滴灌

在地膜栽培作物的田块，将滴灌毛管布置在地膜下面，这样可充分发挥滴灌的优点，不仅克服了铺盖地膜后灌水的困难，而且大大减少地面无效蒸发。

4. 地下滴灌

是将滴灌干、支、毛管和滴头全部埋入地下，这可以大大减少对其他耕作的干扰，避免人为的破坏，避免太阳的辐射，减慢老化，延长使用寿命。其缺点是不容易发现系统的事故，如不作妥善处理，滴头易受土壤或根系堵塞。如图4-1-21所示。

图4-1-22　滴灌带

四、滴箭系统

是滴灌的一个引申，跟滴灌固定的滴孔相比具有一定的灵活性。滴箭系统由一个压力补偿式滴头、一个四通、四根软管和四个箭头组成。只要压力足够，可增加三通来增加分支，最多可用到12个分支。具有紊流流道，在压力变化的情况下可以保持流量稳定。安装方便，抗堵塞，使用寿命长。各花盆灌水量均匀，控制精确。移动方便，可根据植物的稀疏来调节滴箭的位置。操作简单，拆装更换方便，系统运行安全。配有堵头，不用时可堵住，并不影响系统正常工作。滴箭使用过程中注意每次施肥后用清水多滴几分钟，以免有杂质沉积造成管道堵塞。滴箭系统主要用于温室内的盆花、无土栽培和立体栽培。

图4-1-23　滴箭系统

图4-1-24　滴箭系统用于温室内的盆花栽培

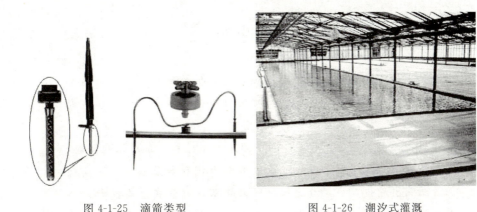

图 4-1-25　滴箭类型　　　　　　图 4-1-26　潮汐式灌溉

四、潮汐式灌溉

建造跟游泳池类似的浅水泥池，保证水平一致和密闭不漏水。将盆栽花卉放置在池底。需要灌溉时，通过泵将配置好的水肥注入水池，作物通过盆钵底部渗透吸水。待植物吸足水分后，将多余的水肥从排水管道回收后再利用。

潮汐式灌溉优点：水肥可循环使用肥水，节省资源；造价跟苗床差不多，但比苗床更好管理；节省人工；灌溉均匀一致；环境干净卫生，作物叶面一直保持干燥，少病害等。

潮汐式灌溉，对水肥回收处理的要求特别高。必须有良好的水处理系统和循环系统。

五、手工浇水

最简单、原始的灌溉方式，在水管末端接喷杆和喷头，直接喷淋在作物根部的灌溉方式。需要设备少，操作方便，但对水的利用率低，灌溉的均匀程度完全取决于操作者的技能水平。

本章小结

大型喷雾打药机和小型背负式喷雾机及硫磺熏蒸器是温室内常用的植保机具。育苗温室常用自走式水车进行浇灌以达到浇水均匀一直，种苗生长整齐；各种类型的喷头用于喷灌系统，应用于大面积粗放化管理，如苗圃、大型绿地、草坪等的管理，工作效率高，但用水量大。滴灌的最大优点是节水，但缺点就是滴头出流孔口小，流速低，容易堵塞。潮汐式灌溉优点是可循环使用肥水，节省资源，节省人工，灌溉均匀一致，作物叶面一直保持干燥，少病害等，但对水肥回收处理的要求特别高。

复习与思考

1. 使用打药机应注意哪些事项？
2. 灌溉设备有哪几类？
3. 滴箭式滴灌有何特点？主要用途及使用时应注意事项。

第二篇

花卉的分类与识别

第一章

花卉的分类

> ☞ **学习目标**
>
> 掌握花卉分类的植物学基础，并能按花卉的生物学性状进行分类。

第一节 花卉分类的植物学基础

一、茎

（一）茎的性质

木本植物的茎含有大量的木质，一般比较坚硬。如橡皮树、茉莉、月季、紫荆等。

草本植物茎含有木质很少，一般柔嫩多汁。如矮牵牛、三色堇、玉簪、菊花等。

（二）茎的生长习性

直立茎　茎垂直地面，如月季、百合等。

平卧茎　茎平卧地上，如常春藤、长春蔓等。

匍匐茎　茎平卧地面，节上生根，如狗牙根、虎耳草等。

攀缘茎　用各种器官攀援于它物上，如葡萄、木香、地锦等。

缠绕茎　茎螺旋状缠绕于它物上，如牵牛、紫藤等。

二、叶

（一）叶形

叶形通常是指叶片的形状，是识别花卉的依据之一。常见的形状有：

卵形　形如鸡卵，长约为宽的2倍或较少，中部以下最宽，向上渐狭，如山茶。

倒卵形　是卵形的颠倒，如白玉兰。

披针形　长约为宽的3~4倍，中部以下最宽，渐上则渐狭，如桃、柳。

倒披针形　是披针形的颠倒，如小檗。

圆形　长宽相等，形如圆盘，如荷花、旱金莲。

椭圆形　长约为宽的3倍，最宽处在中部，自中部起向两端渐狭，如佛手。

线形　长约为宽的5倍以上，且全长的宽度略等，两侧边缘近平行，如水杉、春兰。

剑形　坚实较宽大的条形叶，如唐菖蒲、鸢尾。

（二）叶缘

叶片边缘叫叶缘，主要有以下几种：

全缘　叶缘不具锯齿或缺刻，如长春花、星点木。

锯齿　边缘具尖锐的锯齿，齿端向前，如海棠、榆树。

钝齿　边缘具钝状的齿，如大叶黄杨、法国冬青。

波状　边缘起伏如微波，如矮牵牛、槲栎、羽衣甘蓝。

（三）叶脉

羽状脉　侧脉由中脉分出排列成羽毛状，如海棠、山茶。

掌状脉　几条近等粗的脉由叶柄顶部射出，如八角金盘、棕榈。

平行脉　侧脉与中脉平行达叶顶，或自中脉分出走向叶缘，如芭蕉、夹竹桃。

射出脉　盾状叶的脉都由叶柄顶端射向四周，如荷花、睡莲。

（四）叶裂形状

浅裂　叶片分裂不到半个叶片宽度的一半，如荷包牡丹、芍药。

深裂　叶片分裂深于半个叶片宽度的一半以上,如龟背竹、鸡爪槭。
全裂　叶片分裂达中脉或基部,如孔雀木、银桦。
羽状分裂　裂片排列成羽状,并具羽状脉,如合欢、含羞草。
掌状分裂　裂片排列成掌状,并具掌状脉,如八角金盘、熊掌木。

(五) 叶序

叶在茎或枝条上排列的方式叫叶序。常见的形式有:
叶互生　每节上只着生1片叶,如凤仙花、菊花、鸡冠花。
叶对生　第节上相对着生2片叶,如薄荷、罗勒、百日草。
叶轮生　三个或三个以上的叶,着生在一个节上,如夹竹桃。
叶簇生　二个或二个以上的叶着生于极度缩短的短枝上,如金钱松、银杏。

三、花

(一) 花序

花序是指花在花轴上排列的情况,一朵花单生时叫花单生。花序可分为无限花序和有限花序。

1. 无限花序

也叫总状类花序,其开花的顺序是花轴下部的花先开,渐及上部,或由边缘开向中心。主要有以下几种:

总状花序　花有梗,排列在一不分枝且较长的花轴上,花轴能继续增长,如二月兰。

穗状花序　和总状花序相似,只是无花梗,如车前草、鸡冠花。穗状花序如膨大,叫肉穗花序,基部常为若干苞片组成所包围,如红掌、马蹄莲。

荑葇花序　单性花排列于一细长的花轴上,通常下垂,花后整个花序或连果一齐脱落,如杨、柳。

圆锥花序　花序轴上生有多个总状或穗状花序,形似圆锥,即复生的总状或穗状花序,如桂竹香。

伞房花序　花有梗,排列在花轴的近顶部,下边的花梗较长,向上渐短,花位于一近似平面上,如绣线菊、火棘。

伞形花序　花梗等长或近等长,均生于花轴的顶端,状如张开的伞,如山茱萸。

头状花序　花无梗，集生于一平坦或隆起的总花托（花序托）上，而成一头状体，如万寿菊、千日红。

隐头花序　花集生于肉质中空的总花托（花序托）的内壁上，并被总花托所包围，如无花果、榕树。

2. 有限花序

也叫聚伞花序，花序中最顶点或最中心的花先开，渐及下边或周围。主要有二歧聚伞花序，如满天星；多歧聚伞花序，如泽漆；单歧聚伞花序，如萱草、唐菖蒲。

（二）花冠

筒状花冠　大部分呈管状或圆筒状，花冠裂片向上伸展，如凌霄。

漏斗状花冠　下部呈筒状，并由基部渐渐向上扩大成漏斗状，如牵牛花、茑萝。

钟状花冠　筒宽而短，上部扩大成一钟形，如风铃草、桔梗。

轮状花冠　筒短，裂片由基部向四周扩展，状如车轮，如矮牵牛。

唇形花冠　略呈二唇形，如一串红、彩叶草。

舌状花冠　基部成一短筒，上面向一边张开成扁平舌状，如菊科花卉的边花。

蝶形花冠　瓣五片，排列成蝶形，最上一瓣叫旗瓣；两侧的两瓣叫翼瓣，为旗瓣所覆盖，且常较旗瓣小；最下二瓣位于翼瓣之间，其下缘常稍合生，叫龙骨瓣。如紫藤、香豌豆。

十字形　由四个分离的花瓣排列成十字形，如二月兰。

（三）雄蕊

单体雄蕊　一朵花中的花丝连合成一体，如木槿。

二体雄蕊　一朵花中的雄蕊9个花丝连合，1个单生，成二束，如紫藤。

多体雄蕊　一朵花中的雄蕊的花丝连合成多束，如金丝桃。

聚药雄蕊　花药合生，花丝分离，如菊花。

二强雄蕊　雄蕊4个，2个长，2个短，如一串红。

四强雄蕊　雄蕊6个，4个长，2个短，如二月兰。

（四）雌蕊

单雌蕊　一朵花中只有一个心皮构成的雌蕊，如桃花。

离生单雌蕊　一朵花中有若干彼此分离的单雌蕊，如蔷薇。

复雌蕊　一朵花中有一个由两个以上心皮合生成的雌蕊，如冬珊瑚。

四、果　实

（一）单果

单果是由一朵花中仅有的一个雌蕊形成的。根据果皮及其附属部分成熟时的质地和结构，可分为肉质果与干果两类。

1. 肉质果

果实成熟后，肉质多汁。

浆果　由一至数心皮组成，外果皮膜质，中果皮、内果皮均肉质化，充满液汁，内含一粒或多粒种子，如葡萄。

柑果　由复雌蕊形成，外果皮呈革质，有精油腔；中果皮较疏松，分布有维管束，通称为橘络；中间隔成瓣的部分是内果皮，向内生许多肉质多浆的汁囊，是食用的主要部分。中轴胎座，每室种子多数，如柑橘。

梨果　由花筒和子房愈合在一起发育而形成的假果，花筒形成的果壁与外果皮及中果皮均肉质化，内果皮纸质或革质化，如苹果、梨。

核果　由一上位子房发育而成的，外果皮薄，中果皮常肉质肥厚，内果皮坚硬，包于种子之外，构成果核，如梅、杏。

瓠果　由具侧膜胎座的下位子房发育而成的果实，花筒和外果皮结合为坚硬的果壁，中果皮和内果皮及胎座均肉质，胎座很发达，常成为果实的一部分。如南瓜、西瓜。

2. 干果

果实成熟时果皮干燥，依开裂与否可分为裂果与闭果。

（1）裂果　成熟后果皮裂开。裂果因心皮数目及开裂方式不同可分为下列几种：

荚果　是由单雌蕊发育而成的果实。成熟时，沿腹缝线与背缝线裂开，果皮裂成2片，如含羞草、合欢。

蓇葖果　是由单雌蕊发育而成的果实，但成熟时，仅沿一个缝线裂开，如飞燕草、白玉兰。

角果　由2心皮组成，具假隔膜，侧膜胎座，成熟后，果皮从两个腹缝线裂成两片脱落，留在中间的为假隔膜，如羽衣甘蓝。

蒴果　是由复雌蕊构成的果实，成熟时有各种裂开的方式。如虞美人、山茶。

（2）闭果　果实成熟后，果皮不开裂，可分为以下几种：

瘦果　果实小，成熟时只含有1粒种子，果皮与种皮分离，如向日葵、何首乌。

坚果　果皮木质坚硬，内含1粒种子，如板栗。

颖果　由2~3心皮组成，一室含1粒种子，但果皮与种皮愈合不易分开，一般易误认为种子，如早熟禾、竹子。

翅果　单粒种子的果实，果皮一端或周边向外延伸成翅，有利于果实的传播，如红枫、榆。

分果　2个或2个以上的心皮组成，各室含小粒种子，成熟时心皮沿中轴分开，如胡萝卜、芹菜。

（二）聚合果

一朵花中有多数离生心皮单雌蕊，每一个雌蕊形成一个单果，这许多单果聚生于花托上。根据单果性质不同，可分为聚合蓇葖果，如八角、茴香；聚合瘦果，如草莓；聚合坚果，如莲。

（三）复果（又称聚花果）

是由整个花序形成的果实，如桑葚、无花果、凤梨。

第二节　按生物学性状分类

一、草本花卉

植株的茎为草质，木质化程度低，或柔软多汁。

1. 一年生草花

在一年内完成其生活周期，即从播种到开花、结实、枯死均在1年内完成，称一年生草花。通常在春天播种，夏、秋开花、结实，在冬季到来之前即枯死，故又称为春播草花。如凤仙花、万寿菊、鸡冠花、百日草、波斯菊等。

2. 二年生草花

在2年内完成其生活周期，称二年生草花。多数当年只长营养器官，越年后开花、结实、死亡。二年生草花耐寒性较强,通常在秋季播种,翌年春、夏开花,故又称为秋播草花。如飞燕草、紫罗兰、金鱼草、虞美人等。

3. 宿根花卉

其寿命超过 2 年以上,能多次开花结实。地下部分形态正常,不发生变态,根宿存于土壤中,冬季可在露地越冬。地上部冬季枯萎或半枯萎,第二年春天萌发新芽,亦有整株安全过冬的。如菊花、芍药、萱草、福禄考等。

4. 球根花卉

其寿命超过 2 年以上,能多次开花结实。与宿根花卉不同的是其地下部分具肥大的变态根或变态茎。植物学上将其分为球茎、块茎、鳞茎、块根、根茎等,花卉学总称为球根。如唐菖蒲、鸢尾、马蹄莲、郁金香、水仙、美人蕉、大丽花等。

二、木本花卉

植株茎部木质化,质地坚硬。

1. 乔木类

主干明显而直立,分枝繁盛,树干和树冠有明显区分,如白玉兰、樱花、桂花、橡皮树。

2. 灌木类

无明显主干,一般植株较矮小,靠地面处生出许多枝条,呈丛生状,如栀子花、牡丹、月季、贴梗海棠。

3. 藤木类

茎木质化,长而细弱,不能直立,需缠绕或攀援其他物体才能向上生长,如紫藤、凌霄。

4. 竹类

茎分为地下茎和竹竿,地下茎是竹类在土中横向生长的茎部,有明显的分节,节上生根,节侧有芽。竹秆是竹子的主体。常见的观赏竹有佛肚竹、凤尾竹、紫竹、毛竹、刚竹。

三、水生花卉

生长发育在沼泽地或不同水域中的植物，如荷花、睡莲、王莲、千屈菜、花菖蒲。

四、多浆多肉花卉

植株的茎、叶肥厚多汁，部分种类的叶退化成刺状，如仙人掌类、景天类、番杏科、虎刺梅等。

五、蕨类植物

是高等植物中比较低级而又不开花的一个类群。具独立生活的配子体和孢子体。孢子体群的形态和着生位置也随种而变。蕨类植物是优良的室内观叶植物，蕨叶常是插花，或用来布置阴生植物园和专类园的重要材料。常见的如肾蕨、波士顿蕨、鹿角蕨、凤尾蕨、翠云草等。

本章小结

植物形态术语是人们描述植物形态时的统一语言，是花卉园艺师必须掌握的专业基础知识。

复习与思考

1. 什么是花序，什么是无限花序、有限花序？
2. 什么是肉质果，肉质果又可分为几大类？
3. 宿根花卉与球根花卉有何异同？

第二章

花卉的识别

> **学习目标**
>
> 能识别常见花卉100种（包括五级的54种），并简述其形态特征和观赏用途。
>
> （注：每种花包括彩图、名称、科名、形态特征、观赏用途等内容。）

第一节 一、二年生花卉的识别

（共30种，包括五级的16种）

1. 地肤（藜科）

一年生直立性草本。高50～70cm，全株被短柔毛，多分枝，株形呈卵形至圆球形、叶线形，细密，草绿色，秋季变暗红色。花小，量稀疏，穗状花序。如图4-2-1所示。

宜用于坡地草坪式栽植，也可盆栽，布置厅堂会场。

2. 翠菊（菊科）

一年生草本，茎直立，株高20～80cm，上

图4-2-1 地肤

部多分枝，有白色糙毛。单叶互生，卵形，匙形或近圆形，上部叶渐小，有粗锯齿，两面被疏短硬毛，头状花序单生于茎顶，总苞半球形，边缘舌状花有白、蓝、紫、红、粉等各色；中央管状花，花两性，花期8～10月。如图4-2-2所示。

布置夏、秋季花坛和花境的好材料，也可作切花。

图4-2-2　翠菊

图4-2-3　福禄考

3. 福禄考（花荵科）

一年生草本，株高30～50cm，茎直立，多分枝，有腺毛。单叶互生，椭圆状披针形，全缘，先端尖；花数朵簇生于顶端，花冠萼筒较长，5裂，裂片窄，高脚蝶状，花色甚多，花期4～9月。如图4-2-3所示。

花期长，是布置花坛、花境的良好材料，也可盆栽和作切花。

4. 贝壳花（唇形科）

一年生草花，株高40～100cm，通常不分枝，叶对生，心脏状圆形，疏生钝齿。花白色，6朵轮生，花冠唇状，着生萼筒底部，具芳香。花期7～8月。如图4-2-4所示。

常用于切花和干花。

5. 金鱼草（玄参科）

多年生草本作二年生栽培，株高30～90cm。叶呈披针形或长椭圆形，对生或上部互生。总状花序顶生，花冠筒状唇形。花上唇直

图4-2-4　贝壳花

立两裂,下唇开展三裂,色彩丰富,除蓝色外,各色均有。花期5~9月。如图4-2-5所示。

优良的春夏季花坛、花境材料,矮株型者可盆栽,高型者可作切花栽培。

图4-2-5 金鱼草

图4-2-6 银边翠

6. 银边翠（高山积雪）（大戟科）

一年生草本,茎高60~80cm,直立,分枝多。茎内具乳汁,全株具柔毛。叶卵形、长卵形或椭圆状披针形,全缘,顶部叶轮生或对生,边缘呈白色或全叶白色;下部叶互生,绿色。花小,着生于上部分枝的叶脉处。花期7~8月。如图4-2-6所示。

植株顶叶呈银白色,与下部绿叶相映,犹如青山积雪,如与其他颜色的花卉配合布置,更能发挥其色彩之美。是良好的花坛背景材料,还可作插花配叶。

7. 紫茉莉（紫茉莉科）

多年生草本,常作一年生栽培,株高50~80cm。茎直立,多分枝,节处膨大。单叶对生,三角状卵形,边缘微波状。花数朵集生枝端,萼片花瓣状,漏斗形,边缘有5波状浅裂,花白色、粉、紫红色、黄色等。花期6~10月。如图4-2-7所示。

可散栽或丛植于空隙地。矮生种可用于花坛或盆栽。

图4-2-7 紫茉莉

8. 千日红（苋科）

一年生草本，株高20～40cm。茎直立，全株密被白色柔毛。单叶对生，有沟纹，椭圆形或倒卵形，全缘。头状花序球形或圆形，总苞2枚，叶状，每朵小花具2干膜质小苞片，深红、紫红、淡红等，花期6～9月。如图4-2-8所示。

是夏、秋季花坛的主要材料。也可作切花用于花篮、花圈等。

图4-2-8 千日红

图4-2-9 报春花

9. 报春花（报春花科）

多年生草本常作一、二年生栽培，株高20～40cm，叶卵形至矩圆状卵形、叶背有白粉。轮伞花序，花小而多，径约1.5cm，花色有白、粉、淡紫、黄等，具芳香，花期1～4月。如图4-2-9所示。

株丛雅致，花色艳丽，花期正值元旦、春节，可增添喜庆气氛。宜盆栽，适合装点客厅、居室及书房。在温暖地区，还可露地植于花坛、假山、岩石园、水榭旁。

10. 茑萝（旋花科）

一年生草本，茎柔弱缠绕，光滑无毛。单叶互生，羽状细裂，裂片条形，基部2裂片再次2裂，叶柄短，扁平状。聚伞花序腋生，有花数朵，萼片5，椭圆形，花冠深红色，高脚碟状，筒上部稍膨大，花期6～9月。如图4-2-10所示。

适宜布置花篱、花墙和小型棚架，也可盆栽，装饰室内或窗台。

圆叶茑萝

图 4-2-10 茑萝

11. 美女樱（马鞭草科）

多年生草本常作二年生栽培。茎直立，具四棱，枝多横展，匍匐状，全株被柔毛。叶对生，长椭圆形，先端钝圆，边缘有锯齿或近基部稍分裂。花顶生，呈伞房状；苞片近披针形，萼管状5短裂、花冠高脚碟状，裂片5，花色丰富，花期5～11月。如图4-2-11所示。

适作夏秋花坛、花境材料，也可盆栽观赏。

图 4-2-11 美女樱　　　　图 4-2-12 旱金莲

12. 旱金莲（金莲花科）

二年生肉质草本花卉，且可作一年生栽培，茎中空，卧伏或蔓生。叶互生，盾形，有长柄，主脉由叶心呈辐射状伸出。叶具缘波状钝角。花腋生，有细长花柄，萼片5枚，基部合生，其中一枚延伸呈长矩，稍向下垂，花瓣5枚，不整齐，两侧对称。上部两片较小，下部三片较大，基部有羽状裂片。花期 2~5 月。如图 4-2-12 所示。

盆栽用于布置窗台或案头，也可地栽，布置花境。

13. 雏菊（菊科）

二年生草本，株高 7~15cm，茎直立。叶匙形，基生。花梗自叶丛中抽出，顶生头状花序，舌状花一轮或多轮，呈红、粉或白色等；管状花黄色。花期 3~5 月。如图 4-2-13 所示。

是布置早春花坛的主要材料之一，也可盆栽。

图 4-2-13　雏菊

图 4-2-14　紫罗兰

14. 紫罗兰（十字花科）

多年生草本，作二年生栽培，株高 20~60cm，茎直立，稍木质化，披灰色星状柔毛。单叶互生，长圆形至倒披针形，全缘，灰蓝绿色，先端钝。总状花序顶生和腋生，花瓣 4 片，倒卵形，具长爪，紫色或带红色。花期一般在 6~9 月。如图 4-2-14 所示。

是布置夏季花坛、花境、岩石园的好材料，也可盆栽或作切花。

第二节　多年生草本花卉的识别
（共 40 种，包括五级的 20 种）

1. 落地生根（景天科）

茎基部木质化，肉质叶对生或轮生，叶缘有锯齿。在锯齿处常生长出小植株，整齐地排列在叶缘，落地后就生成许多新的植株，故名落地生根。顶生圆锥花序，花呈黄、红或紫色。花期8～9月。如图4-2-15所示。

可作室内装饰或室外布置花坛，绿化庭院。

图4-2-15 落地生根

图4-2-16 金鸡菊

2. 金鸡菊（菊科）

株高30～100cm，茎直立，全株疏生白色柔毛，叶多簇生基部，匙形或披针形，全缘或3深裂，头状花序，舌状花黄色，花期6～8月。如图4-2-16所示。

花色鲜艳，是花境、坡地、庭院、街心花园、缀花草坪的良好美化材料。

3. 铁线蕨（铁线蕨科）

株高15～40cm。根状茎横走，叶柄细长而坚挺，呈栗黑色、光亮，长10～20cm，似铁丝，故得名。二回羽状复叶呈卵状三角形，长10～30cm；小羽片斜扇形，深绿色。孢子囊群生于羽片的顶端。如图4-2-17所示。

在蕨类植物中，铁线蕨是作盆栽观叶植物中最普及的种类之一，它形态优美、秀丽、株型较小，适合中小盆栽植和用来布置山石盆景，且适于室内长年盆栽观赏。

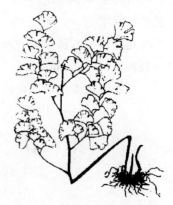

图4-2-17 铁线蕨

4. 芝麻花（唇形科）

株高60~120cm，茎丛生而直立，稍四棱形，地下有匍匐状根茎。叶长椭圆形至倒披针形，端锐尖，缘有锯齿，顶生穗状花序，花淡紫、红至粉。花期7~9月。如图4-2-18所示。

布置花坛、花境及做切花应用。

图4-2-18 芝麻花

图4-2-19 蛇鞭菊

5. 蛇鞭菊（菊科）

块根呈黑色。株高60~150cm，全株无毛或散生短柔毛。叶互生，条形，全缘，下部叶较上部叶大。花穗长15~30cm；每一头状花序有8~13朵小花，花紫红色，自花穗基部依次向上开花，花期7~9月。如图4-2-19所示。

很多国家作为切花而广泛栽培，也是插花的优良材料。矮生种可用于花坛。

6. 豆瓣绿（胡椒科）

株高20~40cm，植株稍肉质，叶片卵圆形，稍厚近肉质，叶柄和茎干深红色；叶片翠绿色有光泽。如图4-2-20所示。

株形美观，适合中小盆栽植，是家庭和办公场所理想的美化用植物。在明亮的室内可连续观赏数周，是优良的室内盆栽观叶植物。

图4-2-20 豆瓣绿

7. 芍药（毛茛科）

宿根草本，具肉质根。茎丛生，高 60～120cm。二回三出羽状复叶，小叶通常三深裂、椭圆形、狭卵形至披针形，绿色，近无毛。花1至数朵着生于茎上部顶端，有长花梗及叶状苞。花色丰富，单瓣或重瓣，花期4～5月。如图 4-2-21 所示。

我国的传统名花之一。各地园林普遍栽培，用于花坛、花境及自然式栽植，也常与山石相配。做切花应用也较普遍。

图 4-2-21 芍药

图 4-2-22 桂竹香

8. 桂竹香（十字花科）

株高 25～70cm，茎直立，稍有毛。叶披针形，全绿。花着生于茎之上部，成圆锥花序，花黄色或黄褐色及红紫褐色，具香味，花期4～6月。如图 4-2-22 所示。

是早春花坛、花境材料，也可供盆栽和切花使用。

9. 落新妇（虎耳草科）

株高 40～80cm，根状茎粗壮呈块状，有棕黄色长绒毛及褐色鳞片，须根暗褐色。茎直立，被多数褐色长毛并杂有腺毛。基生叶为二至三回三出复叶，具长柄；茎生叶 2～3 枚，较小，小叶片边缘有重锯齿，呈上面疏生短刚毛，背面特多。圆锥花序与茎生叶对生，花轴密生褐色曲柔毛，花瓣 4 片，红紫色，花期7～8月。如图 4-2-23 所示。

多用于花境布置或丛植。矮生种可用于岩

图 4-2-23 落新妇

石园；高型种多作切花，水养持久。

10. 蜀葵（锦葵科）

茎直立、高可达 3m，全株被毛。叶大、互生，叶片粗糙而皱、圆心脏形，5～7 浅裂。花大单生叶脉或聚成顶生总状花序，花瓣 5 枚，边缘波状而皱或齿状浅裂；花色有红、紫、褐、粉、黄等，单瓣、半重瓣至重瓣，花期 6～8 月。如图 4-2-24 所示。

图 4-2-24　蜀葵

常用于建筑物前列植或丛植，做花境的背景效果也很好。也可用于篱边绿化及盆栽观赏。

11. 大丽花（菊科）

地下部分具粗纺锤状肉质块根，形似地瓜。茎中空，直立或横卧。叶对生，1～2 回羽状分裂，裂片卵形或椭圆形，边缘具粗钝锯齿，总柄微带翅状。头状花序具总长梗，顶生，花色丰富，花期 6～10 月。如图 4-2-25 所示。

宜作花坛、花境及庭前丛植。矮生种最宜盆栽观赏。高型种多作切花，是花篮、花圈和花束制作的理想材料。

图 4-2-25　大丽花

图 4-2-26　风信子

12. 风信子（百合科）

鳞茎球形或扁球形，外被有光泽的皮膜，其色常与花色有关。叶基生，4～6 枚，带状披针形，端圆钝，质肥厚，有光泽。花葶高 15～45cm，中空,总状花序密生其上部,小花钟状,基部膨大,裂片端向外反卷。花色丰富,花形多样,花期4～5月。如图4-2-26所示。

重要的春季球根花卉,适宜在花境、花坛布置或草坪边缘自然丛植。中矮品种常盆栽观赏。

13. 番红花（鸢尾科）

球茎扁圆形,端部呈冠状。茎呈狭线形,灰绿色,缘具毛,常与花同时抽出,但花后更旺盛生长。花大,芳香,花被片雪青色、红紫色或白色。花期9～10月。如图4-2-27所示。

图4-2-27 番红花

植株矮小,花色艳丽,最宜混植于草坪中组成嵌花草坪,成为疏林下地被花卉。又可供花境点缀丛植,也常盆栽或水养促成观赏。

14. 桔梗（桔梗科）

高30～100cm,上部有分枝。块根肥大多肉,圆锥形,叶互生或3枚轮生,卵形或卵状披针形,边缘有锐锯齿。花单生枝顶或数朵组成总状花序,花冠钟形,蓝紫色,花期5～6月。如图4-2-28所示。

高型品种用于花境;中矮型品种可用于岩石园;矮生种及播种苗多剪取切花。

图4-2-28 桔梗   图4-2-29 马蹄莲

15. 马蹄莲（天南星科）

块茎褐色,肥厚肉质,在块茎节上,向上长茎叶,向下生根。叶基生,叶片箭形或戟形,具平行脉,叶下部有鞘,叶面鲜绿色,有光泽,全缘。

花梗大致与叶等长，花梗顶端着生一肉穗花序，外围白色的佛焰苞，呈短漏斗状，肉穗花序黄色，花有香气，花期12月至翌年6月，以2～4月为盛花期。如图4-2-29所示。

叶片翠绿，花形奇特，是著名的切花花卉。常用于制作花圈、花篮、花束等，也作盆栽观赏。

16. 沿阶草（百合科）

根茎粗短，根端或中部膨大呈纺锤状肉质块根。具细长匍匐茎，其上被膜质鳞片。叶丛生，线形，主脉不隆起。花葶有棱，低于叶丛，总状花序，花被片6，淡紫色或白色，花期8～9月。种子浆果状，成熟时蓝黑色。如图4-2-30所示。

图4-2-30 沿阶草

是良好的盆栽观叶植物，在我国长江流域可做露地宿根花卉使用，栽于花坛边缘、路边、山石旁、台阶两旁均宜。又是良好的地被植物，栽于林下，四季常绿效果也很好。

17. 紫菀（菊科）

茎直立，高40～200cm，叶披针形至长椭圆状披针形，基部叶大，上部叶狭、粗糙，边缘有疏锯齿。头状花序，排成复伞房状。总苞半球形，边缘宽膜质，紫红色。舌状花淡紫色、管状花黄色。花期7～9月。如图4-2-31所示。

常作布置花境、庭院的材料，多数种类均做切花生产栽培。

图4-2-31 紫菀

图4-2-32 满天星

18. 满天星（石竹科）

株高 30~45cm。地上部分枝纤细而开展，具白粉。叶披针形，粉绿色。花小，白色，花梗细长，聚伞花序组成疏松的大型花丛。花期 5~6 月。如图 4-2-32 所示。

大量栽培专供切花，也可在花坛中与同时开放的郁金香、金鱼草、虞美人等间作混植。

19. 蜘蛛抱蛋（百合科）

根状茎粗壮横和生，叶单生，有长柄，坚硬，挺直，叶长椭圆状披针形或阔披针形，基部楔形，边缘波状，深绿色而有光泽。花葶自根茎抽出，紧附于地面。花被钟状，外面紫色，内面深紫色，花期春季。如图 4-2-33 所示。

叶片常绿光亮，质硬挺直又极耐阴湿，故最宜室内陈设观赏，是重要的观叶植物。温暖地区于庭院中散植也自然成趣，还是重要的插花配叶。

图 4-2-33　蜘蛛抱蛋

图 4-2-34　百子莲

20. 百子莲（百合科）

地下部分具短缩根状茎和绳索状肉质根。叶二列状基生，线状披针形至舌状带形，光滑，浓绿色。花葶自叶丛中抽出，粗壮直立，花被片 6，联合，呈钟状漏斗形，鲜蓝色，花期 7~8 月。如图 4-2-34 所示。

叶丛浓绿，光亮，花繁密，宜盆栽或露地布置花坛、花境。在温暖地区可用于露地切花生产栽培。

第三节 木本花卉的识别
（共28种，包括五级的16种）

1. 白兰花（木兰科）

树皮灰色，小枝无毛，分枝较少。叶大，单叶互生，卵状长椭圆形，基部楔形，全缘。花单生于新梢叶腋，有浓香，花瓣乳白色，狭长，花期4～9月，夏季最盛。如图4-2-35所示。

很好的香花材料，可作盆栽装饰厅堂。在南方也是街道绿化的好材料。

图4-2-35 白兰花

图4-2-36 六月雪

2. 六月雪（茜草科）

常绿小灌木，叶对生或成簇生状，卵形或狭椭圆形，全缘。花白色带红晕，单生或多朵簇生，花冠漏斗状，花期5～6月。如图4-2-36所示。

宜作花坛、花篱，也可作花径配植。通常用于盆栽观赏或制作盆景

3. 朱蕉（百合科）

常绿灌木，茎单干直立，叶在茎顶呈2列状旋转聚生，绿色或带紫色、粉红条斑，长披针形、阔披针形至椭圆状披针形，硬而革质，中脉显著，侧脉羽状平行。圆锥花序生于顶部叶腋，花黄白色至紫色，花期6～7月。如图4-2-37所示。

盆栽作室内观赏，用来布置厅堂、会场等。

图 4-2-37　朱蕉　　　　　　　　图 4-2-38　黄蝉

4. 黄蝉（夹竹桃科）

常绿灌木，枝具乳汁，叶轮生，长椭圆形，全缘。聚伞花序顶生，花冠橙黄色，漏斗状，花期5～8月。如图4-2-38所示。

花、叶均可观赏，适宜在园林中种植或盆栽，但植株有毒，需注意。

5. 袖珍椰子（棕榈科）

茎干直立，不分枝，绿色，有环纹。羽状复叶，叶片由顶部生出，小叶20～40片，镰刀形。肉穗花序直立，花期3～4月。如图4-2-39所示。

耐阴性强，是良好的室内观叶植物，常盆栽观赏。

图 4-2-39　袖珍椰子　　　　　　图 4-2-40　一品红

6. 一品红（大戟科）

茎直立光滑，含乳汁。单叶互生，卵状椭圆形至阔披针形，全缘或有浅裂。花小而单生，着生杯状花序内，并成聚伞状排列，顶生。花苞片瓣化，其形似叶，呈披针形，全缘，一般红色，也有白色及桃红色的变种。花期12至翌年3月。如图4-2-40所示。

盆栽观赏。

7. 变叶木（大戟科）

常绿灌木，茎直立，枝有明显的大而平整的圆形叶痕。叶倒披针形、条状倒披针形或条形，全缘或分裂、扁平或波形至螺旋状，或中部变得极窄而将叶片分成上、下两部分。叶质厚，绿色杂以白色、黄色、红色斑纹。如图4-2-41所示。

图4-2-41 变叶木

叶形变化很大，颜色丰富艳丽，是极佳的观叶植物。北方盆栽，用于室内装饰；南方常用于园林中丛植或作绿篱。

8. 八仙花（虎耳草科）

落叶小灌木，叶对生，倒卵形至椭圆形，先端短而渐尖，叶质厚，绿色有光泽，叶落后茎上留有明显的叶痕，小枝粗壮，有明显皮孔。聚伞花序顶生呈半球形，花从初开到盛开至凋谢，花色不断变化，花期4～8月。如图4-2-42所示。

南方可植于建筑物前、小路旁、草坪上或作基础栽植，也可作切花。北方多盆栽，用于装饰室内。

图4-2-42 八仙花

9. 虾衣花（爵床科）

常绿小灌木，基部分枝，枝柔弱，节部膨大。叶对生，卵圆形或椭圆形，质软，全缘，叶柄细长。穗状花序生于枝顶，端部常侧垂，苞片棕红色，重叠着生，为主要观赏部位；花冠细长，超出苞片，白色，唇形，下唇瓣喉部有三条紫色斑点。四季开花性，以4～5月最盛。如图4-2-43所示。

花形奇特，常年开花，宜作窗台、案头的盆栽，也可布置会场、厅堂。

在其原产地用为地被植物。

图 4-2-43 虾衣花

图 4-2-44 迎春

10. 迎春（木犀科）

落叶灌木，小枝细长，四棱，绿色无毛。三出复叶对生，小叶卵状椭圆形，全缘，表面及叶缘有短刺毛。花单生叶腋，花冠黄色，高脚碟状，通常 6 裂，早春先花后叶。如图 4-2-44 所示。

是早春的珍贵花木之一。可盆栽可作盆景，也可露地栽植，点缀庭院。

11. 贴梗海棠（蔷薇科）

枝直立，有刺。叶卵形或椭圆形，托叶大而明显。花朱红色，先叶而开或与叶同放，花期 2～4 月。如图 4-2-45 所示。

是重要的观花灌木，适于庭院墙角、路边、池畔种植，也是盆栽或制作盆景的好材料。

图 4-2-45 贴梗海棠

图 4-2-46 红花檵木

12. 红花檵木（金缕梅科）

小枝有星状毛，单叶互生，革质，卵形至椭圆形，全缘。花3～8朵组成头状花序，生于小枝顶端，花瓣4，带状，紫红色，先花后叶或花叶同放，花期3～4月。如图4-2-46所示。

宜作庭院群植，也是模纹花坛的色块或色带栽植的良好材料。

第四节 水生花卉的识别
（共4种，包括五级的2种）

1. 千屈菜（千屈菜科）

挺水植物，株高1m以上。地下根茎粗壮，木质化，地上茎直立，四棱形，多分枝具木质化基部。单叶对生或轮生，披针形，基部广心形，全缘。穗状花序顶生；小花密集，紫红色。花期7～9月。如图4-2-47所示。

株丛整齐清秀，花色淡雅，最宜水边丛植或水池栽植，也可用为花境背景材料或盆栽水养观赏。

图4-2-47 千屈菜

图4-2-48 凤眼莲

2. 凤眼莲（雨久花科）

漂浮植物，须根发达，悬垂水中。茎极短缩，叶由此丛生而直伸，倒卵状圆形或卵圆形，全缘；绿色而有光泽，质厚。叶柄长，中下部膨胀呈葫芦状海绵质气囊，基具鞘状苞叶。穗状花序着生端部，小花紫色，花被片6，上面1片较大，中央具深蓝色块斑，斑中具鲜黄色眼点，颇似孔雀羽毛。花期7～9月。如图4-2-48所示。

是美化环境、净化水源的好材料。花还可作切花使用。

本章小结

本章是在五级花卉园艺师识别的基础上，再识别48种，并把重点放在了解其最佳观赏期及其用途上。

复习与思考

1. 简述挺水植物与漂浮植物的区别？
2. 列举当地常见的宿根类、球根类花卉？

第三篇

花卉种子（种苗、种球）生产

第一章

种子（苗）、苗木品质检验

> **学习目标**
> 了解花卉种子质量评价标准，掌握花卉种子常规品质检验方法，掌握插穗、接穗、种球等繁殖材料的质量标准及检测方法，掌握苗木质量评价、分级方法。

第一节　花卉种子识别

识别花卉种子（种苗、种球）50种：

百日草、蒲包花、彩叶草、鸢尾、君子兰、唐菖蒲、百合、郁金香、苏铁、月季、火棘、南天竹、十大功劳、石榴、茉莉、常春藤、睡莲、荷花、千屈菜、凤眼莲、金鱼草、银边翠、紫茉莉、千日红、报春花、美女樱、雏菊、芝麻花、蛇鞭菊、桂竹香、落新妇、蜀葵、大丽花、风信子、番红花、桔梗、马蹄莲、沿阶草、紫菀、百子莲、茉莉、风铃草、波斯菊、矢车菊、花菱草、勿忘我、五色苋、鹤望兰、白三叶、酢浆草、水仙、何氏凤仙、四季秋海棠、三角花、天竺葵、吊钟海棠、百里香、含笑、紫薇、紫藤、米兰、桂花、栀子花、凌霄、五色梅、麦秆菊、鱼腥草、两色茉莉、金银花、棣棠。

第二节 种子的品质检验

种子品质检验又叫种子品质鉴定。种子品质的好坏直接影响着育苗的数量和质量。为提高种子质量，培育丰产壮苗，减少育苗生产的损失，必须进行种子品质检验。种子检验要采用科学的方法，防止检验结果不准确。当前，在国内应严格执行国家标准局和林业部门颁布的《林木种子检验方法》（GB2772）中的各项规定。在国际交流中，则应执行国际种子检验协会（ISTA）制定的《1985国际种子检验规程》。随着科学技术的发展，种子检验的设备和方法将不断地完善，种子检验结果也将更加准确

种子品质检验的指标主要包括：纯度、千粒重、含水量、发芽率、发芽势、生活力等。

一、种子净度测定

净度测定的主要目的是，通过测定被检验样品纯净种子、废种子和夹杂物的重量，计算纯净种子占测定样品总重量的百分比，进而测算该种子批的纯净程度，为育苗生产提供准确可靠的依据。

先用分样器或四分法（图4-3-1）在送检样品中进行分样，取得该种子用于净度测定所需的重量。用于净度测定的样品量，除种粒大的种子为300～500粒外，其他种子要求在净度测定后能有纯净种子2500～3000粒。将测定样品放在玻璃板上，按纯净种子、废种子和夹杂物分为三部分，并分别称重。

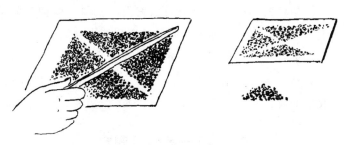

图4-3-1 四分取样法

纯净种子是指完整的发育正常的种子，不能识别的、外部形态正常的

空瘪种子和虽已破损仍能发芽的种子。

废种子包括能识别的空、腐坏粒等不能发芽的种子、严重损伤和无种皮的裸粒种子。

夹杂物包括除以上两项外的所有其他杂质，如枝叶、树皮、种子附属物、不属于检验对象的其他植物种子。

当所测样品纯净种子、废种子和夹杂物重量之和与原测定样品重量之差在允许范围以内时（表4.3.1），即可计算净度，否则重做。

表4.3.1 测定样品的允许误差

测定样品重（g）	允许误差（g），不大于
5以下	0.02
5~10	0.05
11~50	0.10
51~100	0.20
101~150	0.50
151~200	1.00
大于200	1.50

计算净度的公式如下：

纯度（%）=（纯净种子重量/测定样品种子重量）×100%

进行复检或仲裁检验时，计算两次测定的平均数，如果不超过规定的容许差距，则可认为两次测定结果相符合。

二、种子千粒重的测定

千粒重是指1千粒纯净种子在气干状态下的重量，以克为单位。千粒重反映了种子的颗粒大小和同类种子的饱满程度。同一树种千粒重大的种子，则种子饱满充实。它也是种子品质的重要指标之一。

在测定千粒重时，大粒种子可以测定一百粒，不够一千粒的可以全部称重，然后换算成千粒重。目前国际上多采用百粒法，随机抽取100粒，重复8次，取平均值。

三、种子含水量及测定

种子含水量是指种子中所含水分重量与种子重量的百分比。种子含水量的大小，直接影响种子贮藏和运输的安全。为控制种子体内含水量达到安全标准，便于贮运，必须测定种子的含水量。测定种子含水量常用的方法是，将检验样品装入称量瓶或称量盒内，精确称量后，置于烘干箱内，打开瓶盖，先用80℃温度烘干3～4h，再升温到100～105℃，一直干燥到恒重，称其重量，计算含水量（相对含水量）：

种子含水量(%)＝[(种子干燥前重量－种子干燥后重量)/种子干燥前重量]×100%

四、种子发芽率及测定

发芽率是在最适宜种子发芽的条件下，在规定的时间内，正常发芽的种子粒数占供检验种子粒数的百分率。因种子发芽实验是在实验室内进行的，所以又叫实验室发芽率。生产实践中，在场圃的环境条件下测得发芽率称为场圃发芽率。

在纯净种子中随机抽取4组100粒种子作发芽实验，大粒种子可取50粒或25粒为一个重复。特小粒种子采用重量发芽法，随机抽取4组样品，每组重0.1～0.25g。在发芽皿或陶瓷盘内，铺放经过高温消毒的滤纸或纱布，种子经过浸种后，有规则地分组排列在发芽床上，然后放在恒温箱或温室内，保持25℃左右的温度进行发芽。在发芽的过程中，应随时调节温度和水分，并注意空气的流通，如有发霉应立即用水洗净或更换发芽床。种子开始发芽后，应每日检查并统计发芽的粒数。到连续5d平均发芽粒数不足供检种子粒数的1%时，为发芽终止期，停止统计，进行计算。计算方法：

发芽率（%）＝（发芽种子的总粒数/供检种子粒数）×100%

五、种子发芽势及测定

发芽势是指种子发芽的整齐程度。一般是以发芽种子数量达最高峰时，发芽的种子总粒数占供检验种子总粒数的百分数（计算发芽势的截止日期，一般是发芽持续天数的1/3）。发芽率相同的种子如果发芽势较高，则表示种子的发芽能力强，播种后，幼苗出土早而整齐。它是反映种子质量的主要指标之一。计算方法：

发芽势(%)＝(发芽达到最高峰时已发芽种子数/供检种子数)×100%

第三节 苗木质量的评价与分级

一、苗木质量评价

苗木本身的好坏直接影响着绿化美化效果，为此苗木质量应符合苗木出圃质量标准和设计苗木质量的要求。具体要求如下：

1. 乔木的质量标准

树干挺直，不应有明显弯曲，小弯曲也不得超出两处，无蛀干害虫和未愈合的机械损伤。分枝点高度 2.5～2.8m。树冠丰满，枝条分布均匀，无严重病虫害，常绿树叶色正常。根系发育良好，无严重病虫危害，移植时根系或土球大小，应为胸径的 8～10 倍。

2. 灌木的质量标准

根系发达，生长苗壮，无严重病虫危害，灌丛匀称，枝条分布合理，高度不得低于 1.5m。丛生灌木枝条至少在 4～5 根以上，有主干的灌木主干应明显。

3. 绿篱苗的质量标准

针叶常绿树苗高度不得低于 1.2m，阔叶常绿苗不得低于 50cm，苗木应树型丰满，枝叶茂密，发育正常，根系发达，无严重病虫危害。

4. 攀缘类苗木标准

地锦、凌霄、葡萄等出圃苗木要求生长旺盛，枝蔓发育充实，腋芽饱满，根系发达，至少 2～3 个主蔓。此类苗木多以苗龄确定出圃规格，每增加一年提高一级。

二、苗木分级

苗木分级是按苗木质量标准把苗木分成等级。当苗木起出后，应立即在背风庇荫处进行分级，并同时对过长或劈裂的苗根和过多的侧枝进行修剪。园林苗木种类繁多，规格要求不一。一般根据苗龄、苗高、地径（或胸径）、冠幅和主侧根的状况，分为以下 3 类。

1. 合格苗

指可用来绿化的苗木，具有良好的根系，优美的树形，一定的高度。如行道树苗木，胸径要求在 4cm 以上，枝下高应在 2~3m，而且树干通直，树形良好，为合格苗的最低要求．在此基础上，胸径每增加 0.5cm，即提高一个规格级。

2. 不合格苗

指需要继续在苗圃培育的苗木，其根系一般、树形一般、苗高不符和要求。也可称为小苗或弱苗。

3. 废苗

指不能用于造林、绿化，也无培养前途的断顶针叶苗、病虫害苗和缺根、伤茎苗等。除有的可作营养繁殖的材料外，一般皆废弃不用。

分级可使出圃的苗木合乎规格，更好地满足设计和施工的要求，同时也便于苗木包装运输和出售标准的统一。

本章小结

> 种子品质的好坏直接影响着育苗的数量和质量。种子品质检验是保证播种用种子具有优良品质的关键环节。种子品质检验的指标主要包括：纯度、千粒重、含水量、发芽率、发芽势、生活力等。种子品质检验应严格执行国家有关规定。

复习与思考

1. 花卉种质质量的评价包括哪些内容？

2. 某树种种子 42g 作发芽率试验，15d 后检查共发芽 289 粒，已知该种子发芽试验前千粒重为 120g，问该种子发芽率为多少？

3. 现有甲花卉种子 63g 为 16695 粒，乙花种子 37g 为 46250 粒，求它们的千粒重各为多少？

4. 某种花卉的千粒重为 0.8g，问该花卉是下列哪种花卉？已知何氏凤仙每克为 1250 粒，一串红每克 265 粒，三色堇每克 760 粒。

5. 各种苗木是如何分级的？

第二章

扦插育苗

> **学习目标**
> 能进行采穗母本的培育,能从其他途径获得优良扦插繁殖材料,能熟悉植物生长调节剂及其使用方法。

第一节 扦插材料的繁殖

一、采穗母本与插穗

专业化种苗生产企业或大型成品花生产企业,为了保证扦插繁殖的数量和质量,多重视采穗母本圃的建立和对采穗母本的培育。

(一)采穗母本

采穗母本既可以是一、二年生花卉,也可以是多年生的园林树木;既可以是常绿树,也可以是落叶树。但采穗母本必须品质优良、性状稳定、生长健壮、无病虫害,木本植物母本年龄还要年轻。为了使插穗积累较多的营养,促进生根,采穗前可以对母本树进行绞缢、环剥、重剪等处理,如用铁丝在母树上将准备作接穗的枝条,从基部扎紧绞缢,可阻止光合产物向下运输,使养分贮存在枝条内部,约经2~3周剪下扦插,可提高生根能力。或在母树枝条的基部进行环状剥皮0.5~1cm宽,2~3周后剪下扦插，可大大提高生根率。冬季对母树进行重剪，使下部和基部发出萌条，用这种枝条扦插容易生根。

（二）插穗

根据扦插的类型和植物材料不同，插穗可以是嫩枝、硬枝、叶片、叶芽、根段等。嫩枝扦插是生长季节，从幼年母树上采当年生半木质化的枝条作为插穗。插穗应通直、均匀、芽体饱满、无病虫害。硬枝扦插是从幼龄母树上采一、二年生充分木质化的枝条作为插穗，插穗应生长势旺盛、节间短而粗壮、芽体饱满、无病虫害，有利于生根成活。嫩枝采条一般随采随插。落叶树枝条采集是在秋季落叶后至翌春发芽前进行，采后若不立即扦插，则需将插穗贮藏。插穗贮藏可用室内混沙贮藏或露天埋藏。

二、采穗母本的培育

采穗母本必须品种纯正，性状优良、稳定。为保持采穗母本的优良性状，一般用营养繁殖法培育采穗母本。目前常把采穗母本培养成灌丛形，常用的方法是：

（一）定干

选用一年生营养繁殖苗定植。株行距根据土壤肥力及树种特性而定。一般株距为0.5～1.5m，行距1.0～2.0m，顶端优势差的树种，株行距可适当大些。栽植后加强根系的培育，当年秋末或第二年春季自地面5～10cm处截干。秋截干，在寒冷地区可适当培土覆盖，以防冻害，在春季树液开始流动时可逐渐去掉覆土层。萌发嫩枝后，选留3～8个粗壮的枝条，注意四周分布均匀，其余剪除，并可根据情况逐年增加留条数量。由于采条部位在母株根颈处附近，因此穗条生长旺盛，质量好。

（二）施肥

栽植采穗母本时，要施入一定量基肥。此外每年可追肥两次。春季在树木萌芽前施入，以速效性肥为主，配合有机肥料，以增加萌芽数量，使之达到预期的树形和高度。秋末主要施有机肥，也可配合一定量的化肥使用，目的在于补充采条后的养分损失，为第二年春季萌芽提供良好的物质基础。一般氮、磷、钾施入比例为2：1：1。注意观察采条母树的树势，按实际情况确定施肥量。

(三) 浇水

保持土壤充足的水分供应，是增强树势，保证穗条优质、高产的重要措施。一般每年可根据降雨、采穗和树势等情况，配合追肥，浇水 3～5 次。

(四) 中耕除草

每年可进行 3～5 次，可与施肥浇水结合进行。秋末要结合施肥浇水，进行一次深松土抚育。深松土可改善土壤通气状况和结构，使采穗母株根系向深广方向发展，扩大根系的吸收面积和能力。

(五) 修剪

采穗母本必须进行修剪，以保持良好的采穗树形，提高萌条数量和质量。树种不同，修剪方法也不一样。对萌芽性强，生长速度快的树种，要进行多次抹芽，控制留条数量。如留条过多，由于营养不足，枝条生长细弱，达不到要求标准；留条过少，则枝条过粗，叶腋间休眠芽容易长成枝杈，降低枝条质量。留条时，去强去弱，尽量选留长势相近，高矮相差不大，分布均匀的枝条，以期达到条齐条壮，减少枝条强弱分化。一般采取中度剪枝，春梢留桩 30cm 左右。

(六) 复壮更新

采穗母本一般可连续采穗 4～6 年。以后树势逐渐衰弱，枝条质量变差。为了恢复树势，可在冬季将根桩砍去，使其根部重新萌条，形成新的灌丛，再继续生产穗条。

第二节　植物生长调节剂

植物激素是植物正常代谢的产物，不同的植物激素，产生于植物的不同部位，当它们转移到其他部位时对生长会产生强烈的影响。为了与天然激素区别，把人工合成的、用于调节植物生长的物质称为生长调节剂。植物体内激素含量很少，只占植物体重的百万分之几，目前已经发现四大类激素：生长素，赤霉素（GA），乙烯和脱落酸（ABA）。植物激素的基本生理效应有促进和抑制植物生长两个方面，用于促进插穗生根的是生长素。

一、常用的生长调节剂

1. 吲哚乙酸

吲哚乙酸及其同系物吲哚丙酸、吲哚丁酸等都有类似的刺激植物生长的作用，促进细胞分裂，抑制侧芽的生长和离层的形成。这类药剂的用途主要是促进插穗生根。

2. 萘乙酸

萘乙酸难溶于水，它的纳盐或钾盐则易溶于水，生产中一般用其纳盐。萘乙酸对于促进插穗生根效果很好。

3. ABT生根粉

是一种高效广谱性的生根促进剂。它不仅补充插穗不定根形成所需的外源生长素等有关物质，还能促进插穗内部内源生长素的合成。

4. 其他

如2,4-D纳盐、高锰酸钾、硫酸锰、蔗糖等对促进生根、成活均有一定作用。

二、生长调节剂的使用方法

用于生产的一般有两种剂型，即粉剂与水剂

1. 粉剂

ABT胶膜剂生根粉，使用方便。为使插穗基部着药均匀，成捆蘸药时，可先将插穗墩齐，将药粉平铺在平面上，用尺刮平再蘸，新断的插穗伤口易沾药粉。

2. 液剂

自己配制应注意，吲哚丁酸的钾盐是可以直接溶于水的，而萘乙酸则只溶于沸水或酒精中。1000ml 的 $500\mu L/L$ 的生长调节剂的配制方法：以0.5g萘乙酸溶于100ml 的 50% 的酒精中，溶解后再加入蒸馏水950ml，摇匀，装入茶色磨口瓶中备用。

稀溶液浸泡法：是一种较老的方法，使用生长调节剂的范围在 $20\sim200\mu L/L$，浸泡枝条基部24h，费时、费地方。

浓溶液浸泡法：是目前广泛使用的方法，使用生长调节剂的范围在 $500\sim1000\mu L/L$，速蘸，效果良好。使用剩余的溶液不得倒回原药瓶中。

使用生长调节剂的浓度原则是，浸泡法浓度低，速蘸法浓度高；易生根树种浓度低，难生根树种浓度高；嫩枝插穗浓度低，硬枝插穗浓度高。

不同的生长调节剂对不同树种的效果也不同，如吲哚丁酸对落叶树的插穗生根有较好的效果，而萘乙酸则对常绿树的扦插效果好。

本章小结

> 为了保证扦插繁殖的数量和质量，规模化生产中必须重视对采穗母本的培育。植物生长调节剂在花卉扦插繁殖中已被广泛使用。使用中必须注意植物生长调节剂的种类、性质及使用方法。

复习与思考

1. 如何培育采穗母本？

2. 常见的植物生长调节剂有哪些？扦插繁殖中如何正确使用植物生长调节剂？

3. 插穗有几种类型？各类型标准怎样？

第三章
嫁接育苗

> ☞ **学习目标**
> 熟悉砧木和采穗母本的培育方法,掌握仙人掌类植物和菊花的嫁接技术。

第一节 砧木和采穗母本的培育

一、砧木与采穗母本的培育

(一) 砧木的培育

1. 砧木的选择

砧木对接穗影响很大,因此选择砧木时必须注意以下几点:

(1) 能适应当地气候与土壤条件,生长健壮、根系发达,具有较强的抗寒、抗旱、抗病虫害能力。

(2) 与接穗亲和力强,砧木必须对接穗的生长、开花、结实和寿命等有良好的影响,嫁接植株能反映接穗原有的优良特性。

(3) 种子来源或种条来源丰富,能大量繁殖,而且繁殖方法简便,易于成活。

2. 砧木的培育

砧木可通过播种、营养繁殖等方法来培育。生产中多以实生苗作砧木，因为实生苗具有根系发达、抗逆性强、寿命长等优点，而且便于大量繁殖。

实生苗培育，一般是在早春进行播种，条播或点播。苗木定植后，应保持规则的株行距，以便于苗木嫁接。砧木苗除应适时灌溉、施肥、中耕除草，保证其生长旺盛外，还应通过摘心、打梢等来控制苗木高度生长，促使茎部加粗，并将苗木嫁接部位的枝叶及早剪除，以便于嫁接。芽接季节，如因天气干旱，树液流动缓慢，皮层与木质部分离困难时，可于嫁接前1个月左右，进行培土和灌水，使其易于剥皮，在嫁接时扒开培土操作，效果较好。

（二）采穗母本的培育

同扦插采穗母本的培育。

第二节　仙人掌类植物和菊花的嫁接

一、仙人掌类植物的嫁接

（一）嫁接

1. 嫁接时间

仙人掌类植物嫁接的最好时期是春季至初夏气温超过20℃前。除梅雨季节外，气温达到10~15℃时进行嫁接，只要方法得当，一般也可以成活，但所需时间较长。在20~25℃的晴天、空气干燥天进行嫁接成活率最高。

2. 砧木的选择

砧木应根据嫁接目的的需要，选择枝茎粗壮，生长旺盛，与嫁接亲和力强，繁殖容易，刺少，易于操作的植物。常用作砧木的主要种类有，三角柱（亦称三棱剑、量天尺）、龙神木、木麒麟，及球类的短毛丸等。

3. 接穗的选择

接穗应根据嫁接的目的，从强壮的、品种优良的母株上切取子球或大型母株的顶端部分，也可用播种繁殖的一年生小球。接穗的大小应与砧木切口的大小相吻合。

4. 嫁接方法

仙人掌类植物嫁接应使砧木与接穗的维管束相接才能成活。仙人掌类植物的维管束一般处于枝茎横断面的髓心部分，因此又称髓心形成层。具体的嫁接方法又因砧木与接穗类型的不同而分为平接、插接和套接。如图4-3-2所示。

（1）平接　用三棱剑或一般仙人球作砧木嫁接繁殖名贵仙人球时，多采用平接的方法。先将砧木的段部削平，再把四周的皮肉呈30°角向外向下削掉，然后将接穗下部平整地切去1/3，并按削砧木的方法将接穗切面边缘向上向外斜削一圈，随后将接穗平放于砧木的切面之上，使两者的髓部对准并密接。最后用线绳连同盆钵一起绑扎固定，置背阴处养护。

（2）楔接　多在用柱状仙人掌类作砧木，嫁接形状相似的掌类时使用。把砧木顶部削平，并劈开约3cm左右，将接穗削成楔状，随即插入，接穗与砧木的髓部对准并固定，置背阴处养护。

（3）插接　多在用仙人掌或三棱剑嫁接仙人指或蟹爪兰时使用。先用利刃从砧木仙人掌顶部插入约2～3cm，取接穗仙人指或蟹爪兰，将基部两面皮层削掉1～2cm，插入砧木切口内，无需绑扎，只用较长的仙人球刺或细牙签，在插接处横刺固定即可，放置蔽荫无风处养护。

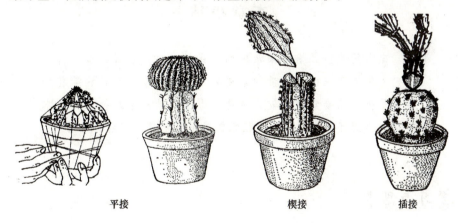

　　　平接　　　　　　　　　　楔接　　　　　插接

图4-3-2　仙人掌类嫁接

（二）嫁接苗的养护

仙人掌嫁接苗的接穗和砧木多数是两个不同的种类，常见的砧木量天尺是附生类型，而接穗却多为陆生类型。即使接穗和砧木同为陆生类型或附生类型，两者的习性也有较大差异，因此管理时必须"两者兼顾"。通常在土壤、水分、肥料方面主要应满足砧木的要求，光照方面主要应满足插穗的要求，而温度、通风和病虫害防治、空气湿度等方面最好两者都考虑。当然在短期栽培时，主要应先满足砧木的要求，只要砧木长得好，接穗一般都能生长良好。

二、菊花的嫁接

菊花嫁接多采用黄蒿或青蒿做砧木。黄蒿的抗性比青蒿强，生长强健，适合嫁接大立菊。而青蒿茎较高大，最宜嫁接塔菊。每年11~12月从野外选取色质鲜嫩的黄蒿或青蒿健壮植株，挖回上盆，放在温室越冬或栽于露地苗床内，加强肥水管理，使其生长健壮根系发达。嫁接时间为3~6月，多采用高枝劈接法。砧木主茎在离土面7cm左右处切断（也可以进行高接），切断处不宜太老。如发现髓心发白，表明已老化，不宜用作砧木。接穗采用充实的顶梢，粗细最好与砧木相似，长约5~6cm，只留顶上没有开展的顶叶1~2枚，茎部两侧斜削成楔形。再将砧木在剪断处对中劈开相应的长度，然后嵌入接穗，用塑料薄膜缚住接口。接后置于阴凉处养护，2~3周后可解除缚扎物，并逐渐增加光照。

本 章 小 结

砧木的选择和培育是嫁接的基础性工作，选择、培育健壮的砧木是提高嫁接苗质量的重要环节。仙人掌类嫁接和菊花的嫁接是花卉嫁接繁殖中较为特殊的方法。仙人掌嫁接应将砧木与接穗的髓部对准密接。菊花嫁接多用于培育大立菊和塔菊。

复习与思考

1. 嫁接时砧木与接穗应怎样选择？
2. 如何进行仙人掌类嫁接？
3. 如何进行菊花的嫁接工作？

第四篇 花卉栽培与管理

第一章

花卉露地栽培

> **学习目标**
> 了解花卉生长发育规律和各生育期的栽培管理措施,掌握花卉露地栽培的常规技术。

第一节 露地花卉的生育特性

一、露地花卉的生育特性

露地花卉的生长周期与露地自然条件的变化周期基本一致。露地花卉一般表现为春天发芽生长,随着气温的上升,生长速度加快,达到生长旺盛期。然后进入花芽分化,并开花结实。秋天后生长减缓,并逐渐进入冬季休眠。

二、自然条件对露地花卉的影响

露地花卉的生长发育,直接受到自然条件的影响。自然条件中的温度、光照、水分和营养是影响露地花卉生长发育的主要因子。这些自然因子对花卉的影响,既有量的影响,也有质的影响。原则上讲,对生长是量的影响,对发育是质的影响。

1. 温度

花卉的生长发育需要一定的温度，包括生长发育的最低温度、最高温度和最适温度，习惯上称之为"温度的三基点"。温度过低或过高，花卉不但生长缓慢，甚至会因生理机能减弱而遭受病害的侵染，严重时会直接导致低温冻（冷）害或高温烈日灼伤。温度还影响着花卉植物的开花时间和开花质量。多数露地花卉都要经过一段时间的低温后才能进行花芽分化，植物生理上称之为"春化阶段"。各种花卉春化阶段所要求的低温和时间也不一致。

2. 光照

光照不但影响花卉的光合作用进而影响到花卉的生长发育和物质积累，而且也影响着花卉的开花时间和开花质量。露地花卉会遇到因种植密度过大而植株群体内光照不足和盛夏季节光照过强等不利因素。许多花卉的花芽分化对日照时间长短有特殊要求，这既是不能违背的自然规律，也为人工控制花卉的开花期提供了可能。

3. 水分

水分是花卉的生命物质，直接影响着花卉的生长发育。露地花卉的生长发育常因自然降水不均匀或降水量过大过小而受到影响。因此需要及时灌溉和排涝防渍。

4. 营养

露地花卉通常栽培在自然土壤中，花卉生长发育所需要的营养依赖于土壤的供应。所以土壤改良和及时适量施肥对于露地花卉更为重要。

第二节 花卉露地栽培技术

花卉露地栽培技术主要包括种子处理、土壤消毒、整地、播种、肥水管理、越冬、越夏管理等方面。

一、花卉播种时间的确定

1. 一年生花卉

南方一般在2月下旬至3月上旬进行，而北方则多在4月的上、中旬进行。目前各地为使植物能提前开花结实，多用温室或冷床提前播种育苗，晚霜过后再移至露地栽植。

2. 二年生花卉

一般在秋天播种，第二年开花。播种期南方相对较迟，多在9月下旬至10月上旬，而北方则较早，多在9月上旬至中旬。

二、整地作畦

多数花卉的种子较小，抗逆性也较差，所以对整地要求较高。要求苗床深翻和精细整理，并做好土壤消毒工作，减少地下病虫害。

作床（畦）的方式：南方多雨潮湿，宜作高畦，畦面要高出地面以利于排水；北方干旱少雨，多用平畦或低畦，即畦面与步道平或略低于步道。

三、移　栽

幼苗的移植多在出现1~2片真叶时进行。通过移植可以增加幼苗的营养面积，改善群体的通风透光条件，促使幼苗生长健壮。移植时截断主根还可以促进侧根的生长，有利于扩大根系。

起苗前，应先将苗床湿润，再用手铲将苗带土挖起，然后将根系附着的土壤轻轻抖落（注意尽量不要将细根拉断或折伤）。起苗后要立即种植。

种植时，先用手铲在已经整理好的苗床上开挖种植穴或种植沟，然后将苗木放入穴或沟中，扶正并舒展根系，再覆土，然后轻轻压实，最后将床面整平。

种植完毕要立即浇足水。

四、肥水管理

1. 灌溉

地面灌溉常有畦灌和浇灌。前者多用于北方气候干旱、地势平坦的地区。面积较小或土壤不太干燥的情况下多用浇灌。

灌溉的次数一般根据天气和植物的生长情况而定。时间多在早晚进行。

2. 施肥

施肥对植物的生长有重要的影响，尤其是观花、观果类植物。

(1) 基肥　常用厩肥、堆肥、油饼或粪干与过磷酸钙或硝酸铵混合，于整地时与土壤混合。用于基肥的有机肥料一定要腐熟。

(2) 追肥　追肥多用无机肥料。追肥必须坚持"薄肥勤施"的原则。追肥与松土、除草、浇水结合进行效果更好。

五、松土除草

除草要掌握"除早、除小、除了"的原则。杂草开始滋生时，其根系较浅，植株又矮小，易于除尽。除草不仅可以减少杂草对花卉的营养争夺，而且可以改善植株间的通风透光条件，减少病虫害发生。

六、越冬期的管理

越冬期间的管理是花卉实现周年生产的关键措施，主要是防止冻害的发生。常用的措施有：

1. 覆盖法

在霜冻到来以前，在畦面上覆盖干草、落叶、马粪或草席等，直到晚霜过后再将畦面清理好，此法防寒效果较好，应用极为普遍。为了更好地防寒，并创造有利于花卉生长发育的小气候，亦可用纸罩、瓦盆、玻璃窗及塑料薄膜等覆盖防寒。

2. 培土法

对冬季地上部分枯萎的宿根花卉和进入休眠的花灌木，常用培土防寒法。待来年春季，植株萌芽前再将培土扒平。

3. 熏烟法

对于露地越冬的二年生花卉，可采用熏烟法以防霜冻。熏烟时，用烟和水汽组成的烟雾，能减少土壤热量的散失，防止土温降低，同时，发烟时烟粒吸收热量使水汽凝成液体而放出热量，可以提高气温，防止霜冻。

熏烟的方法很多，地面堆草熏烟是最简单易行的方法，每亩可堆放3～4个草堆，每堆放柴草50kg左右。用汽油桶制成熏烟炉，使用时放在车上，可以往返推动，方便适用，效果更好。

4. 灌水法

冬灌能减少或防止冻害，春灌有保温、增温效果。水的热容量比干燥的土壤和空气的热容量大得多，灌溉后土壤的导热能力提高，深层土壤的热量容易传导上来，因而可以提高近地表空气的温度。空气中的蒸汽凝结成水滴时放出潜热，也可以提高气温。灌溉后，土壤湿润，热容量加大，减缓表层土壤温度的降低。灌溉还可提高空气中的含水量。

5. 浅耕法

浅耕可减低因水分蒸发而发生的冷却作用。同时，耕锄后表土疏松，有利于太阳热的导入，再加镇压更可增强土壤对热的传导作用，并减少已吸收热量的散失，保持土壤下层的温度。

除以上方法外，还有设立风障、利用冷床（阳畦）、控制氮肥、增施磷钾肥以增加植株抗寒力等方法，都是有效的防寒措施。

本章小结

> 露地花卉的生长周期与露地自然条件的变化周期基本一致。露地花卉的生长发育，直接受到自然条件的影响。花卉的露地栽培技术，特别是播种期（或栽植期）的确定、肥水管理、病虫及自然灾害防治等均与设施栽培技术有较大差别。

复习与思考

简述花卉露地栽培的主要技术。

第二章

花卉设施栽培

> ☞ **学习目标**
>
> 　　熟悉花卉设施栽培的特点，掌握花卉设施栽培周年生产技术。

第一节　温室花卉的生育特性

　　温室花卉多数为从异地引进栽培的花卉种类。为了满足其生长发育对温度等环境条件的要求，一般在温室等设施内进行栽培。温室花卉在设施内栽培的时间也因种类和栽培目的而异。常见的方式是秋、冬、春三季在温室内栽培，夏季移至荫棚内栽培。

　　温室花卉的生长发育既有自己的规律，又受到人为的调控。其受调控的程度远比露地花卉高。因此设施栽培生产的产品更能符合人的主观意志和市场的需求。

第二节　花卉设施栽培技术

　　保护地的广泛应用即人工环境的实现，为植物的全年生长提供了合适的环境。除正确进行温室的日常操作外，下面主要从栽培的角度说明花卉周年生产的技术要点。

一、定植时间的选定

首先是制定花卉的周年生产计划，包括确定植物的种植周期，按计划确定植物的定植时间。如唐菖蒲，要求7月份开花的可按正常栽培方法栽种，从"谷雨"开始，每隔10d在露地栽种一批，共种3批，供上、中、下旬收获切花。要求8月份开花的唐菖蒲应在"小满"前选中号偏小的种球栽种，"处暑"后开花，供8月下旬出售。

二、定植前准备工作

土地深翻，深度要达到成年植物根系分布的深度以下，注意破除大土团。增施优质基肥，以提高土壤肥力和改良土壤结构。修建排灌系统，力求能够做到旱能灌，涝能排，灌溉时尽可能做到速灌速排。

温室中一般做畦是采用高畦栽培，畦高、畦面宽、畦沟宽可根据实际情况而定。

三、定 植

方法有穴植、沟植。定植时使根系舒展开，培土时使土分散在根之间，培完土轻轻踩几下，边踩边提苗，使根呈向下状，每定植完1~2畦，立即浇透水，防止根干枯。

有些切花种类生长中后期需要防倒伏，如菊花、百合、香石竹等。生产中常用拉网来解决。一般采用网眼规格为10cm×10cm的网片，四周绷紧在立柱上，上下共2~3层。在定植时，将2或3层网片一起覆盖在种植畦面上，在网格中种植花苗。以后随着植株不断长高，将网片逐渐上移，并拉开网片层间的距离，以达到防止倒伏的目的。

四、管 理

1. 苗期管理

首先进行土壤消毒，再对种苗消毒，栽植时将根系四周散开，培植土比周围土稍高。定植后在棚膜上搭遮阳网，避免阳光直接照射，以利缓苗。

根据花芽发育规律定期进行整形修剪。

2. 温、湿度控制

根据植物对光照的要求、天气条件和不同的发育时期，及时进行室内的温、湿度的调节。

3. 浇水与施肥

对于切花生产，肥水管理更为严格。应适时灌好缓苗水、壮苗水、产花水、休眠水。缓苗水结合苗期管理进行。壮苗期植株生长旺盛，需水量大；产花期要适当控水；植株进入休眠状态时减少浇水次数。每次浇水后，及时松土。施肥应注意薄肥勤施的原则。缓苗后植株生长旺盛，宜结合浇水进行施肥，休眠期增施磷、钾肥，减少氮肥施用量，以控制新枝生长，加速枝条发育成熟和木质化。

4. 整枝修剪

正确的整形修剪是提高开花的质量和保证及时开花的重要措施。主要包括以下几个方面：

（1）摘心　摘除枝梢顶芽，促进分枝生长，增加枝条数目，以达到花繁株密的目的。幼苗期间早行摘心促进分枝，可使全株低矮，株丛紧凑。摘心可以抑制枝条徒长，如菊花摘心后，可使枝条充实；牵牛花摘心后，可促使早生花蕾等。但是，花穗长而大或自然分枝力强的种类则不宜摘心，如鸡冠花、凤仙花、罂粟类、紫罗兰、麦秆菊等。

（2）去芽　去芽的目的在于剥去过多的腋芽，限制技数的增加和过多花朵的发生，使所留的花朵充实而美大，如菊花和大丽花在栽培中过多的腋芽须及时除去。

（3）折梢及捻梢　"折梢"是将新梢折曲，但仍连而不断；"捻消"是将枝梢捻转。两者的目的均为抑制新梢的徒长，而促进花芽的形成，牵牛、茑萝可用此法。将新梢切断时，常使下部腋芽受刺激而萌动抽枝，起不到抑制徒长的作用。

（4）曲枝　为使枝条生长均衡，将生长势强的枝条向侧方压曲，弱枝则扶持直立，可得抑强扶弱的效果。大立菊整形时常用此法。

（5）去蕾　通常指除去侧蕾而留顶蕾，以使顶蕾开花美大。芍药、菊花、大丽花等常用此法。此外，为使球根肥大，在球根生产过程中，常将花蕾除去，不使其开花，以免消耗养分。

(6) 修枝　剪除枯枝、病虫害枝、位置不正而扰乱株形的枝、开花后的残枝等，改善植株通风透光条件，减少养分的消耗。

5. 病虫害防治

温室为以观赏为目的花卉周年生产提供了便利条件。但其高温高湿的特殊环境条件也为病虫的大量孳生蔓延提供了场所。保护地花卉病虫害的发生发展有其各自的特点，不同于露地。花卉作为一种观赏产品，一旦感染病虫，其观赏价值部分或全部丧失，将造成较大的经济损失，采取单一的防治方法则难以取得满意的效果。因而，保护地花卉的病虫害防治必须坚持"防重于治"的方针，发挥综合防治效能，将病虫害控制在花卉观赏价值允许的水平以下。

6. 轮作

轮作是全年生产多种植物的方法。如一、二年生花卉与球根花卉二年轮作，例如下表是一种花卉轮作模式（所指月份为定植期，而非播种期）。

表 4.4.1　花卉轮作模式

定植至收获期	5～8月	8～10月	10～4月	4～6月	6～9月	9～5月	5～8月
植物名称	唐菖蒲	百日草	郁金香	秋播金鱼草	千日红	美国石竹	唐菖蒲

7. 花期控制

要实现花卉的常年生产，除按计划进行定植和有计划安排植物和种植顺序外，还必须对植物的花期进行有效的调控。其主要途径有：

(1) 温度处理　温度处理的作用主要有如下几个方面：

打破休眠　增加休眠胚或生长点的活性，打破营养芽的自发休眠，使之萌发生长。

春化作用　在花卉生活期的某一阶段，在一定的低温条件下，经过一定的时间，即可完成春化阶段，使花芽分化得以进行。

花芽分化　花卉的花芽分化，要求一定的温度范围。只有在此温度范围内，花芽分化才能顺利进行，不同花卉的适宜温度不同。

花芽发育　有些花卉在花芽分化完成后，花芽即进入休眠状态，要经过必要的温度处理才能打破休眠而开花。花芽分化和花芽发育需要不同的温度条件。

影响花茎的伸长　有些花卉的花茎需要一定的低温处理后，才能在较高的温度下伸长生长，如风信子、郁金香、君子兰、喇叭水仙等。也有一些花卉的春化作用需要低温，也是花茎的伸长所必须的，如小苍兰，球根鸢尾、麝香百合等。

由此可见，温度对打破休眠、春化作用、花芽分化、花芽发育、花茎伸长均有决定性作用。因此采取相应的温度处理，即可提前打破休眠，形成花芽，并加速花芽发育，提早开花。反之可延迟开花。

（2）光照处理　对于长日照花卉和短日照花卉，可人为控制日照时间，以提早开花，或延迟其花芽分化或花芽发育，调节花期。

（3）药剂处理　主要用于打破球根花卉和花木类花卉的休眠，提早开花。常用的药剂主要为赤霉素（GA）类药剂。

（4）栽培措施处理　通过调节繁殖期或栽植期，采用修剪、摘心、施肥和控制水分等措施，可有效地调节花期。

本章小结

> 花卉的设施栽培技术，重要的是根据天气的变化和植物生长的需要，合理调节室内的光、热、水、肥四大要素，为植物的生长发育创造一个适宜的环境条件。

复习与思考

1. 设施栽培与露地栽培有何异同？
2. 如何实现花卉的设施栽培全年生产？

第三章

切花栽培

> ☞ **学习目标**
>
> 熟悉切花生产的特点，掌握切花栽培及产品处理的常规技术。

第一节 切花常规栽培技术

切花栽培与其他栽培方式相比，既有相同之处但也有不同之处。总的来说，切花栽培对环境条件的要求更高。切花栽培多数在温室等保护地内进行，但也有在露地栽培的。

一、选地与整地

切花栽培的用地要求阳光充足，土质疏松、肥沃，排水良好，周围无污染，水源方便、清洁，空气清新。一般切花品种的生长以微酸性土壤为佳。

整地的深度也应视切花植物的生长习性而定。一、二年生切花的根系较浅，耕翻的深度在 20～25cm。球根类和宿根类切花为 30～40cm。木本切花的根系较为庞大，耕翻应更深些，达到 40～50cm。

切花栽培畦的方式：南方为高床，北方为平床或低床。

二、定 植

切花栽培宜适度密植,并注意"浅植"。株行距大小根据不同品种的生长特性来决定。如月季 $9\sim12$ 株$/m^2$,香石竹 $36\sim42$ 株$/m^2$。定植不宜过深,特别像非洲菊一类的"根出叶"种类,不可将生长点埋在土中。

三、灌溉与施肥

1. 灌溉

不同的切花对灌溉有不同的要求。耐湿性的植物应多加强浇水,经常保持环境与土壤湿润,但不能积水。耐干旱的植物要控制水分。

植物不同的生长期对水分有不同的要求。植物在生长旺盛期的需水量较多,而在开花期或休眠期的需水量较少。

不同的季节和天气条件应采取不同的水分管理措施。高温干旱的天气应加强遮荫和浇水,控制蒸腾和蒸发,保持植物体内的水分平衡。

浇水的时间,夏季以早晚为好,秋冬可在近午时分进行,原则是尽可能使土温与水温接近。

2. 施肥

基肥以有机肥为主,追肥以无机肥料为主。施肥量及用肥种类应根据植物生长发育期的不同而不同。幼苗期植物对肥料的吸收量少,随着植物体的不断长大,对肥料的需求量也会增加,一直到植物开花时才会减少。营养生长阶段以氮、磷肥为主,开花期以磷、钾肥为主。

四、松土除草

由于切花栽培的栽植密度较大,松土除草时应尽量少损伤植株。

五、整形修剪

整形修剪是切花生产中技术要求较高的措施,它影响开花的数量和质量。切花栽培中,整形修剪的措施主要有:

1. 摘心

即摘除枝梢的顶芽,促使植株的侧芽的形成和生长,增加花芽数量。

也能抑制枝条的生长，促使植株矮化，还可延长花期。如香石竹每摘心一次即可延长花期 30d。

2. 除芽

目的是除掉过多的腋芽，以限制花蕾和枝条的发生，并可使主茎粗壮挺拔，花朵大而美丽。

3. 剥蕾

即摘除侧蕾，保留顶蕾，或除去过早发生的花蕾和过多的花蕾。

4. 修枝

剪除枯枝、病虫害枝、位置不正的干扰枝、过密枝，以改善通风透光、减少养分的消耗，提高开花的质量。

5. 剥叶

经常剥去老叶、病虫害叶和多余的叶片，协调营养生长和生殖生长，提高开花率和座果率。

六、支　缚

一般用网或竹竿等材料支缚，保证切花的花茎挺立，不弯曲，不倒伏。对花茎强度不高的切花种类，如香石竹、百合等，一般用支网来防止切花倒伏。常用网目的规格为 10cm×10cm，依花茎的高度设 2~3 道网。具体做法是在栽植时将 2~3 层网铺放在种植畦上，四角用木棍将网绷紧。苗栽植在网格内。随着植株长高，逐渐拉开各层网之间的距离。网层间的距离一般在 10~15cm。

第二节　切花的采收、分级和包装

切花的采收应根据生产计划和植株开花的程度进行。分级一般采用国家行业标准，如果是出口花卉，还要符合国际标准。

一、切花的采收

切花的采收时间应根据不同植物种类开花的习性和花朵开放的程度而定，还与切花采收后到上货架的时间的长短有关。

1. 采收的时间

切花采收的具体时间应视当天的实际情况而定。大部分的切花以上午采收为好，尤其是采收后易失水的植物。对于带茎叶采收的切花，采收的时间午后优于早晨，以傍晚采收较为理想。在实际生产中，采收的时间往往受销售、采后的处理等因素的影响。

2. 采收的方法

要用锋利的工具，力求剪切口光滑。切割的部位应尽可让花茎长些，即靠近基部但木质化程度不很高的位置。若是有乳汁流出的种类，切下后应立即把茎插入85~90℃的热水中浸渍数秒钟。温室内的切花采收后应立即移出温室，进入温度较低的工作间进行分级等处理。

二、切花的分级

首先，对切花进行拣选，清除杂物和损伤、有病虫害、畸形的花枝。

根据有关标准对切花进行分级。将同一等级的切花放在一个容器中。在容器的外面标出切花的种类、品种、等级、大小、重量和数量等。

严格按国内、国际通行的标准使用杀菌剂等农药。

分级包装完成后应迅速放入冷库中冷却。多数切花在冷库中需要垂直放置，以防止由于植株顶端的趋上性而引起弯头。

三、切花的包装

切花的包装分为成束包装和单枝包装。

1. 成束包装

根据切花体量的大小或购买者的要求，将一定数量的切花捆扎成束。捆扎不能太紧，以防受伤和滋生霉菌。包装的材料可以是湿报纸、耐湿纸或塑料纸，最后置于包装箱中。

2. 单枝包装

即对每支切花进行单独包扎，然后置于包装箱内。

包装的材料视产品的需要、包装方法、预冷方法、材料强度、成本、购买者和运费等因素来定。

切花放入包装箱中应小心，花头要交替放置。尽可能地保持箱内的低温和较高的湿度。热带切花应尽量插在水中运输。对向地性弯曲敏感的切花应保持垂直放置。

本章小结

相对于其他栽培形式，切花栽培对环境条件和栽培技术的要求较高。

复习与思考

1. 试述切花栽培与其他栽培技术的异同。
2. 切花采切和包装有什么特殊要求？

第四章

花卉无土栽培

> **学习目标**
>
> 熟悉花卉无土栽培的形式与特点,掌握无土栽培基质和营养液的配制方法,掌握花卉无土栽培的常规技术。

第一节 无土栽培的形式与特点

花卉无土栽培可分为基质培和液培两类。前者将植株固定在沙、砾、泥炭、蛭石、珍珠岩、浮石、玻璃纤维、岩棉、树皮块或锯末等固体基质中,通过营养液供应植株生长发育所需要的水分和养分。后者是将植株直接置于营养液中栽培。从某种意义上讲,液培中的营养液也是无土栽培的基质。

无土栽培无需土壤,所以扩大了花卉的种植范围,沙漠、石山等不毛之地,窗台、阳台、屋顶等处皆可栽培花卉。如屋顶进行无土栽培,夏天可使室内温度降低 2~3℃。

无土栽培具有省水省肥的优点。土壤栽培由于水分流失多,故水分消耗量要比无土栽培大 7 倍左右,且氮、磷、钾等养分也易被土壤固定,据估计一般养分的损失达一半以上,而无土栽培养分损失很少,尤其是封闭式栽培,几乎没有损失。

无土栽培花卉,无杂草,无病虫,清洁卫生,便于运输、销售,也是室内陈设布置的佳品。由于离开了土壤，还可大大减少劳动量。

花卉无土栽培由于通气好，营养均衡充足，花卉生长发育好，与土壤栽培相比，产量高、质量好。如无土栽培的香石竹要比地栽的提前2个月开花，每株多开4朵花，且其香味浓、花期长、上等品率高。无土栽培的盆花，与土栽比，生长健壮、整齐，叶色浓绿，花多而大，色泽鲜艳，花期长。当然，无土栽培的设施建设需要较多的投资，使用推广因此而受到影响。

第二节 无土栽培的基质制备

无土栽培的基质，按配制基质的材料性质可分为有机基质和无机基质。前者如树皮、木屑、椰绒、砻糠等；后者如砂、珍珠岩、蛭石、岩棉等。

无土栽培的基质应根据栽培植物的种类、生产成本及使用习惯来配制。

1. 沙培法

是以直径小于3mm的沙、珍珠岩、塑料或其他无机物质作为基质，再加入营养液来栽培花卉的方法。砾培法，是以直径小于3mm的砾、玄武石、熔岩、塑料或其他物质作为基质，再加营养液来栽培花卉的方法。

2. 水培法

实质上是无基质培。它是无土栽培中最早采用的方式，是花卉的根系连续或不连续地浸于营养液中的一种栽培方法。营养液在栽培槽内呈流动的状态，以增加空气的含量。一般要有10～15cm深的营养液。

3. 锯末培法

采用中等粗度的锯末或加有适当比例刨花的细锯末。以黄杉和铁杉的锯末为好，有些侧柏锯末有毒，不能使用。栽培床可用粗杉木板建造，内铺以黑聚乙烯薄膜作衬里，床宽约60cm，深约25～30cm，床底设置排水管。锯末培也可用薄膜袋装上锯末进行，底部打上排水孔，根据袋大小可以栽培1～3棵花卉。锯末培一般用滴灌供给植物水分和养分。

4. 喷雾培法

是将花卉的根系悬挂于栽培槽的空气中，以喷雾的方法来供给根系营养和水分。这样可以大大节省营养和水分，同时根系供氧情况又好，有利根系的发育。但对喷雾的要求高，雾点要细而均匀。

第三节　无土栽培营养液的制备

营养液是无土栽培植物所需矿质营养和水分的主要来源。因此，营养液的组成应包含植物所需要的完全成分，如氮、磷、钾、钙、镁、硫等大、中量元素和铁、锰、硼、锌、铜等微量元素。营养液的总浓度不宜超过0.4％，对绝大多数植物来说，它们需要的养分浓度宜在0.2％左右。

配制营养液的肥料应以化学态为主，在水中有良好的溶解性，并能有效地被植物吸收利用。不能直接被植物吸收的有机态肥料，不宜作为营养液肥料。

根据植物的种类和栽培条件，确定营养液中各元素的比例，以充分发挥元素的有效性和保证植物的均衡吸收，同时还要考虑植物生长的不同阶段对营养元素要求的不同比例。

水质是决定无土栽培营养液配制的关键。所用水源应不含有害物质，不受污染，使用时应避免使用含大于 $50\mu L/L$ 钠离子和大于 $70\mu L/L$ 氯离子的水。水质过硬，应事先予以软化处理。

一、营养液的配制方法

1. 核准药品

认真看清各种肥料、药品的商标和说明，了解它们的纯度，核实化学分子式和名称。

2. 准确称量

根据选定的配方准确地称出所需要的用量。

3. 溶解无机盐

用少量50℃的水将无机盐分别溶解，然后按配方所列的顺序将无机盐溶液逐个倒入装有相当于所定容量的75％的水中，边倒边搅拌，最后用水定容到所需要的量。

4. 调节pH值

首先将强酸或强碱加水稀释或溶化，然后逐滴加入到营养液中，并不断用 pH 值试纸或酸度计进行测定，直到调整至所需要的值为止。

5. 加微量元素

对微量元素要严格控制，因为使用不当会引起反作用。添加微量元素时也要注意调整溶液的 pH 值。

二、两种常见的营养液

表 4.4.2 观叶植物营养液（g/L）

成分	化学式	用量	成分	化学式	用量
硝酸钙	$Ca(NO_3)_2$	0.492	硝酸铵	NH_4NO_3	0.04
硝酸钾	KNO_3	0.202	硫酸钾	K_2SO_4	0.174
磷酸二氢钾	KH_2PO_4	0.136	硫酸镁	$MgSO_4$	0.12

表 4.4.3 康乃馨营养液

成分	化学式	用量(g/L)
硝酸钠	$NaNO_3$	0.88
氯化钾	KCl	0.08
过磷酸钙	$Ca(H_2PO_4) \cdot 2CaSO_4$	0.47
硫酸铵	$(NH_4)_2SO_4$	0.06
硫酸镁	$MgSO_4$	0.27

三、营养液的调节

在无土栽培过程中，营养液的浓度和成分会发生变化。这是因为，一方面因植物吸收使一部分元素的含量下降，另一方面又会因溶液本身的水分蒸发面使浓度增加。因此，在植物的生长表现正常时，只需加新水而不必补充营养液。

在向水培槽或大面积无土栽培基质上添加补充营养液时，应从不同的部位倒入。各注液点的距离不要超过 3m。

生长迅速的一、二年生草花、球根花卉，在生长高峰阶段都可以使用原液，以后由于生长量的逐渐减少，可酌情使用 1∶1 或其他比例的稀释液。

第四节 无土栽培的常规技术

无土栽培的管理技术与土壤栽培的不同之处在于，前者除了需观察植物的生长情况外，还要注意营养液的变化，并作相应的调整。对环境因子的调节，主要是通过对温室或大棚进行调节。

一、无土栽培的常规操作管理

（一）无土栽培所用基质的选择

基质的选择方面，各地可因地制宜，就地取材。基质保水性要好，颗粒愈小，其表面积和孔隙度愈大，保水性也愈好，但应避免过细的材料作基质，否则保水太多易造成缺氧。基质中不能含有有害物质，如有的锯末由于木材长期在海水中保存，含有大量氯化钠，必须经淡水淋浇后才能用。石灰质（石灰岩）的沙和砾含有大量碳酸钙，会造成营养液的 pH 升高，使铁沉淀，影响植物吸收，所以只有火成岩（火山）砾和沙适于作基质。基质的选择也与无土栽培的类型有关，下方排水的砾培系统可采用较粗的材料，而滴灌的砾培系统必须用较细的材料。

（二）无土栽培的基质使用

1. 消毒

基质的长期使用，特别是连作，会使病菌集聚滋生。故每次种植后应对基质进行消毒处理，以便重新利用。蒸气消毒比较经济，把蒸气管通入栽培床即可进行。锯末培蒸气可达到 80cm 的深度，沙与锯末为 3∶1 的混合物床，蒸气能进入 10cm 深。药剂消毒，甲醛是一种较好的杀菌剂，1L 甲醛（40％浓度）可加水 50L，按每平方米 20～40L 的用量施于基质中，然后用塑料薄膜覆盖 24h，在种植前再使基质通风约 2 周。用浓度为 1％的漂白粉溶液将砾培栽培床浸润半小时，消毒效果较好。但浸润后需用淡水反复冲洗，以消除残存的氯。

2. pH 值的调节

营养液的 pH 值直接影响养分的状态、转化和有效性，也影响花卉的生长。花卉生长所要求的 pH 因种类而异，通常在 5.5～6.5 间。在栽培管理中，可用测试纸测得 pH 值。如 pH 偏高时，可加入适量硫酸校正；偏低时，可加入适量氢氧化钠校正。

3. 氧气的调节

在水培中，花卉从营养液中吸取氧，而氧的主要来源是通过营养液由高处自由落下而把氧气带入，为此一天要灌溉 5~6 次，用多孔物质作基质的可减少灌溉次数。幼苗期，营养液与种植床间要保持 2~3cm 的孔隙，以利幼小根进入营养液。

此外有条件的话，应根据不同花卉的不同要求，控制营养液的温度，因根系所处环境的温度对花卉的生长发育所起作用更大。

二、无土栽培中营养缺乏症的判断

花卉的无土栽培中，如果缺乏某种营养元素，就会产生生理障碍，影响生长、发育和开花，严重时甚至导致死亡。为此应及时诊断，并采取有效措施，适时对营养液进行养分调整。常见植物缺乏营养元素的症状如下：

1. 缺氮

植株生长缓慢，叶色发黄，严重时叶片脱落。缺磷，常呈不正常的暗绿色，有时出现灰斑或紫斑，延迟成熟。

2. 缺钾

双子叶植物叶片开始有点缺绿，以后出现分散的深色坏死斑；单子叶植物，叶片顶端和边缘细胞先坏死，以后向下扩展。

3. 缺钙

显著地抑制芽的发育，并引起根尖坏死，植株矮小，有暗色皱叶。

4. 缺镁

先在老叶的叶脉间发生缺绿病，开花迟，成浅斑，以后变白，最后成棕色。

5. 缺铁

叶脉间产生明显的缺绿症状，严重时变为灼烧状，与缺镁相似，不同处是通常在较嫩的叶片上发生。

6. 缺氯

叶片先萎蔫，而后变成缺绿和坏死，最后变成青铜色。

7. 缺硼

会造成生理紊乱，表现出各种各样的症状，但大多为茎和根的顶端分生组织的死亡。

出现上述营养缺乏症时，也应仔细查清。因有的症状不一定是由于营养液缺少某种营养元素所造成的，有可能是由于酸碱度不适当，也有可能是因同时缺乏几种元素引起的。一定要先弄清情况，对症下药。

本章小结

花卉无土栽培可分为基质培和液培两类。基质配制和营养液配制是花卉无土栽培的关键技术。

复习与思考

1. 营养液配制的注意事项？
2. 无土栽培的日常管理措施有哪些？

第五章

花卉整形修剪

> **学习目标**
>
> 熟悉花灌木、行道树和景观树的修剪整形要求,掌握整形修剪的方法和技术。

第一节 花灌木的常规整形修剪

花灌木的整形修剪,既要考虑植物本身生长发育的规律,又要考虑植物所处的具体环境及在该环境装中作用。

一、目 的

非观花类灌木的整形修剪,以培养良好的冠形为主要目的;观花类灌木的整形修剪,则以促进多开花为主要目的。

二、方 法

首先要观察植株生长的周围环境、光照条件、植物种类、长势强弱及其在园林中所起的作用,做到心中有数,然后再进行修剪与整形。

(一)因树势修剪与整形

1. 幼树

生长旺盛，以整形为主，宜轻剪。严格控制直立枝，斜生枝的上位芽在冬剪时应剥掉，防止生长直立枝。一切病虫枝、干枯枝、人为破坏枝、徒长枝等用疏剪方法剪去。丛生花灌木的直立枝，选生长健壮的加以摘心，促其早开花。

2. 壮年树

应充分利用立体空间，促使多开花。于休眠期修剪时，在秋梢以下适当部位进行短截，同时逐年选留部分根蘖，并疏掉部分老枝，以保证枝条不断更新，保持丰满株形。

3. 老弱树木

以更新复壮为主，采用重短截的方法，使营养集中于少数腋芽，萌发壮枝，及时疏删细弱枝、病虫枝、枯死枝。

(二) 因时修剪与整形

落叶花灌木依修剪时期可分冬季修剪和夏季修剪。冬季修剪一般在休眠期进行。夏季修剪在花落后进行，目的是抑制营养生长，增加全株光照，促进花芽分化，保证来年开花。夏季修剪宜早不宜迟，这样有利于控制徒长枝的生长。若修剪时间稍晚，直立徒长枝已经形成，如空间条件允许，可用摘心办法促使生出二次枝，增加开花枝的数量。

(三) 根据树木生长习性和开花习性进行修剪与整形

1. 春季开花的花灌木

花芽（或混合芽）着生在二年生枝条上。前一年的夏季高温时进行花芽分化，经过冬季低温阶段于第二年春季开花。如连翘、榆叶梅、碧桃、迎春、牡丹等。因此，应在花残后叶芽开始膨大尚未萌发时进行修剪。修剪的部位依植物种类及纯花芽或混合芽的不同而有所不同。连翘、榆叶梅、碧桃、迎春等可在开花枝条基部留2～4个饱满芽进行短截。牡丹则仅将残花剪除即可。

2. 夏秋季开花的花灌木

花芽（或混合芽）着生在当年生枝条上。如紫薇、木槿、珍珠梅等是在当年萌发的枝上形成花芽，因此应在休眠期进行修剪。将二年生枝基部留2～3个饱满芽或一对对生的芽进行重剪，剪后可萌发出一些苗壮的枝条，花枝会少些，但由于营养集中会产生较大的花朵。如希望某些花灌木在当年开两次花，可在花后将残花及其下的2～3芽剪除，刺激二次枝条的发生，适当增加肥水则可达到二次开花的目的。

3. 花芽（或混合芽）着生在多年生枝上的花灌木

如紫荆、贴梗海棠等，虽然花芽大部分着生在二年生枝上，但当营养条件适合时多年生的老干亦可分化花芽。对于这类灌木中进入开花年龄的植株，修剪量应较小。在早春可将枝条先端干枯部分剪除，在生长季节为防止当年生枝条生长过旺而影响花芽分化时可进行摘心，使营养集中于多年生枝干上。

4. 花芽（或混合芽）着生在开花短枝上的花灌木

如西府海棠等，这类灌木早期生长势较强，每年自基部发生多数萌芽，自主枝上发生少量直立枝。当植株进入开花年龄时，多数枝条形成开花短枝，在短枝上连年开花。这类灌木一般不大进行修剪。可在花后剪除残花，夏季生长旺时，将生长点进行适当摘心，抑制其生长，并将过多的直立枝、徒长枝进行疏剪。

5. 一年多次抽梢、多次开花的花灌木

如月季，可于休眠期对当年生枝条进行短剪或回缩强枝，同时剪除交叉枝、病虫枝、并生枝、弱枝及内膛过密枝。寒冷地区可进行强剪，必要时进行埋土防寒。生长期可多次修剪，于花后在新梢饱满芽处短剪（通常在花梗下方第2~3芽处）。剪口芽很快萌发抽梢，形成花蕾开花。花谢后再剪，如此重复。

第二节 行道树、景观树的修剪

行道树的整形修剪应以市政规定为标准，造型为次。景观树的修剪以不妨碍游人的活动、自然式为主。

一、行道树

1. 行道树的整形修剪要求

行道树以遮荫为其主要功能，但又不能影响管线及交通安全。因而有其特殊的要求：

枝下高及下垂枝应在2.5~3.5m以上，特别地段如有双层公共汽车通过的道路，行道树的枝下高及下垂枝应在4m以上。

若有架空管线的道路，行道树的树枝与管线距离应符合国家有关的规定，具体见下表。

表 4.4.4　树木与架空电力线的最小垂直距离

电压（kv）	1～10	35～110	154～220	330
最小垂直距离（m）	1.5	3.0	3.5	4.5

修剪或培养的树冠应尽可能宽大，以增大遮荫的面积。

施工应尽量避免在一天中的行人及交通高峰期进行，同时应注意行车与行人的安全。

2. 行道树常用的修剪树形

（1）杯状形　无主干的树种，应先确定主干，然后根据枝下高的要求进行修剪。该种树形可归纳为"三杈六股十二枝"，即定干后的主干上生长三条与主干成45°夹角的主枝，在主枝上再长成近一平面的六条二级分枝，每条二级分枝上再长两条三级分枝。

（2）伞形　除小叶榕等可以自然形成伞形树冠的树种外，其他树种则需要通过整形修剪来培养。若行道树属于萌芽力、成枝力都较强的树种，一般于种植后在比枝下高高出0.5m处进行截干，用萌芽条培养新树冠，可形成伞形。

大王椰子等棕榈科的大部分植物作行道树时，则无需修剪。

此外，还有圆柱形、圆球形、椭圆形等修剪树形应用于行道树。

二、景观树的修剪

作为景观树一般都具有其独特的自然树形及较高的观赏价值，因此它的修剪整形有其独到之处：

景观树整形修剪以有利于其旺盛生长，并保持其优美的、自然的树形为主要目的。因此，修剪的对象应是病弱枝、枯枝、内膛过密枝等影响树形或生长发育的枝条。

狐尾椰子、酒瓶椰子、柠檬桉、木棉、南洋杉、尖叶杜英、雪松、凤凰木、黑松等作为景观树栽培时，一般都不进行过多的修剪，以免影响其原有的自然美观的树形。

本章小结

> 花灌木的整形修剪以促进设计效果的尽早实现为目的。手段与前述相同。

复习与思考

1. 花灌木如何根据树势进行修剪？
2. 杯状形行道树如何进行修剪？

第六章

草坪建植与养护

> ☞ **学习目标**
>
> 　　熟悉草坪的种类与功能,掌握景观草坪的建植方法,掌握景观草坪的养护技术。

第一节　景观草坪的建植

一、草坪的种类

按用途,草坪可分为游息草坪、景观草坪、花坛草坪、疏林草坪和运动场草坪等。

二、景观草坪的建植

景观草坪建植是园林绿化工程的重要作业内容。景观草坪的常规建植工序及方法如下:

1. 清理场地

草坪栽植前必须清理场地,清除各种妨碍施工的杂物,如建筑垃圾(砖石、碎瓦)、杂草、生活垃圾等。

2. 地形改造

按照设计图纸堆造地形。如建植自然式草坪，地形应有适当的起伏，规则式草坪要求地形平整。地势起伏的坡度一般为 0.2%～0.5%（中间高，四周低或向一边倾斜），以利排水。在地形整理中，如土方移动量较大，则应先将表层土壤铲起，堆置存放。待地形基本改造完，再把原表土铺上作为表层土。

3. 土壤翻耕

建植草坪的土壤应进行耕翻，耕翻深度一般不低于 30cm。在整地过程中，再一次清除石砾、瓦片、杂草根等。耕翻时应粉碎土块，土粒直径应小于 1cm。

4. 改良土壤

在整地时，对质地不良的表土要进行改良。如表层土壤粘重，应混入沙砾土、粗砂或细煤渣等。

5. 施有机肥

整地时应施以充足的基肥，以腐熟有机肥为主，每 667m^2 用量 2500～3000kg。肥料应粉碎，撒匀，然后翻入土中。

6. 喷除草剂

为防止日后杂草滋生，可在播种或铺草前 20d 左右喷洒化学除草剂五氯酚钠，每 667m^2 约 1～2kg，或喷洒 2,4－DJ 酯，每 667m^2 用量 100～250g。

7. 滚压、修整、浇水

土壤翻松平整清理后，应充分灌水，让土壤沉降，至少 2d 后才可建植草坪。

8. 栽植

（1）铺设法　预先将草皮切割成边长约 30cm、厚约 3～4cm 的方形草皮块，逐地铺满整个草坪栽植地，每块草皮间要留 2cm 左右间隙。边铺边用石滚滚压或用脚踩踏镇压，使草皮块与土壤密切接触。铺好后用晒干碾细的园土填满间隙。对不平整的地块随即去高填低，保持整个栽植地草面平整。然后浇透水。2～3d 后再进行一次滚压。以后每隔 1 周进行 1 次浇水，直到草块完全成活为止。

（2）播种法　为确保种子撒播均匀，应先将场地划成 3～10m 宽的方格，按每 667m^2 的用量折算成每个方格的播种量，再进行逐条撒播。为了更有把握，也可将每一播种地长条的应播种子分成两份，掺细沙土1~2倍。其中一份顺撒，另一份横撒。

种子撒好后应立即覆土（约1cm）和浇水，并用草帘或地膜覆盖。种子发芽、出苗期间，应勤观察，发现表土过于干旱，应当及时补充水分。当苗高1~2cm时应立即揭去覆盖物。

第二节　景观草坪的养护管理

一、修　剪

修剪草坪的原则是每一次剪除地上部分高度的三分之一左右。如果修剪留草过长，则很可能几天之内又要再度修剪；而修剪留草过短，则对草坪会造成损害，例如植株脆弱部位直接暴晒阳光，或是叶片太小，光合作用不足而难以供给植株足够的养分。此外，修剪过度还会造成草株之间有空隙，而导致杂草滋生。

草坪修剪宜选择在晴天，草坪表土不陷脚时进行。专业草坪修剪一般使用专用机械。面积较大的地块常用手推式割草机或坐骑式割草机，零星地块或树木底下则用割灌机，草坪边缘用切边机。修剪下来的草渣，干旱季节可以不带走，以便为草坪保持水分，腐烂后还可以作为肥料。但在多雨季节，特别是草坪容易发病季节，则必须把草渣清除干净，以防病菌蔓延。

二、施　肥

草坪缺肥，不但影响观赏，还会促使草坪草提早抽穗开花而导致早衰。草坪草生长旺盛期间，可追施速效肥料。追肥可在雨后或结合浇水进行。草坪施肥也需要考虑氮、磷、钾配合和季节间的差异。一般氮、磷、钾的比例控制在10：8：6较为合适。冬季比较寒冷的地区，越冬前可施事先堆制的堆肥，既可保暖防冻，又可补充营养。方法是将堆肥粉碎后均匀撒在草坪上，再用尖齿耙梳理一遍。对开放式公共景观草坪，越冬前施肥时，应先给草坪松土，然后施肥。

三、浇 水

小面积的庭院草坪很容易处理，只要有一个水管和洒水器即可，但浇水时务必充分而均匀，避免时干时湿。大面积草坪一定要铺设管道（固定式或可移动式），设置喷头，以满足浇水的需要。人工浇水应从离水源远的地方开始，逐渐后退，以免在草坪上留下脚印，影响生长和修剪质量。每次浇水要浇透，一般以水分渗透10cm土层为准。

四、补 植

当草坪上出现影响观赏的"秃斑"或成片杂草时，应及时补植。补植前先清理杂草、杂物，充分翻松土壤，并施入适量有机肥料。待土壤恢复紧密后，再将其表面推平，并且比邻近的草坪土面高出一些，然后补植上与原来草坪相同的草坪，最后压平、浇水。

五、打 孔

草坪种植1年以上，特别是经常受到践踏的开放性草坪，土壤容易板结，需要人为改善土壤的物理性状，刺孔和打洞是最为简便的方法。草坪打孔不仅能促进水分渗透，还能使土壤内部空气流通，有利于根系生长和对养分的吸收。草坪打孔器械有手动与机动两种，小面积用手动，大面积使用机动打孔机。

六、病虫害防治

防治草坪病虫害多用化学防治法。化学防治法具有高效、速效、操作方便等优点。在使用化学药品时，要计算好用药量、施药时期、间隔天数、施药次数等，做到对症下药，安全用药。选择无风或微风天气喷药。喷药前，确定作业路线、行走速度和喷幅，喷时力求均匀，叶两面都要着药，防止漏喷。但化学防治易造成对环境的污染，必须谨慎使用。

本章小结

> 草坪建植的常用方法是播种法和铺设法。草坪管理内容主要有修剪、施肥、病虫害防治等。

复习与思考

观察当地草坪的生长管理现状,编写养护管理工作方案。

第七章

花卉栽培的肥水管理

> ☞ **学习目标**
>
> 　　了解配方施肥和化学除草技术，能按配方进行施肥，能根据技术方案实施化学除草。

第一节　施肥配方与配方施肥

　　配方施肥是综合运用现代农业科技成果，根据植物需肥规律、土壤供肥性能与肥料效应，在植物播种前提出有机肥、氮磷钾化肥和各种微肥的合理配比、用量和相应的施肥技术。

　　配方施肥包含着"配方"和"施肥"两层含义。"配方"的核心是施肥要做到准确计量，使各种养分科学搭配。"施肥"是指在播种前就确定肥料种类、使用的方式等。

一、花卉施肥的依据

　　为了了解某种植物吸收养分的种类及多寡，一般分别采集植物的根、茎、叶等器官，测定其对各种养分的吸收率。对花卉营养吸收率的研究起步较晚，但也取得了一些可借鉴的资料。

　　1. 花卉对养分的吸收量

日本用水培法栽培菊花，茎中氮、磷、钾、钙、镁五种成分的含量为叶片中的1/2，甚至低于1/2。有报导说根部含钾量少。至于各个器官的吸收特性，还没有全部弄清。Bunt（1976年）对几种主要花卉的叶片进行分析得出养分含量和出现缺乏症状的界限。

2. 花卉的需肥量

根据花卉对肥料的需要量，可分为多肥花卉、中肥花卉和少肥花卉三种。

3. 花卉对肥料三要素的反应

根据各种花卉对肥料三要素的反应，可分为氮类型，磷类型，钾类型及氮磷类型。据日本的试验报道，矮牵牛花对氮反应强烈，而紫菀和一串红对磷要求高，鸡冠花对钾肥反应明显，彩叶草、孔雀草、百日草对氮磷反应明显。

4. 不同生长期对养分的吸收量

一般花卉在幼苗期吸收量少，在中期茎叶大量生长，至开花前吸收量呈直线上升，一直到开花后才逐渐减少。

二、配方施肥与施肥量计算

配方施肥即根据花卉生长发育的不同时期对肥料的需要量，合理的进行施肥。施肥量一般根据土壤中（或基质的）供肥能力，补充花卉所需之不足。

花卉施肥量常按下列公式计算：

$$A = (B - C) / D$$

式中：A——某种元素的施用量（kg）

B——某种花卉的需肥量（kg）

C——花卉从土壤或基质中吸收的肥量（kg）

D——肥料利用率（％）

一般花卉对无机肥料的利用率：氮为45％～60％，一般按50％计算；磷为10％～25％；钾为50％。对堆肥的利用率：氮为20％～30％；磷为10％～15％；钾为40％～45％。根据花卉体内养分的含量以及肥料的利用率可估算出施肥量。

例如，植物的鲜重为100g，10％是干物重。其中氮、磷、钾的含量分别为 4%、0.5%、2%，即各为 0.4g、0.05g、0.2g。由于施入土壤中的肥料，一部分因灌水而损失，另外一部分被土壤固定而残留于土壤中，因此，肥料中的养分不能被植物全部吸收。假设植株对肥料的利用率分别为 20%、10%、20%，则应该施入土壤中的三要素的量分别为 2g、0.5g 和 1g。把这些值换算成相应的化学肥料即硫铵 10g、过磷酸钙 2.5g、硫酸钾 1.7g。这些肥料可在生育期间分期施用。

　　肥料每次的施用量，随施肥的次数而变。应提倡"薄肥勤施"的施肥原则，切忌施浓肥。因为浓肥会使土壤溶液渗透压增高，影响植物对水分的吸收，同时土壤溶液中个别离子含量过高时，会发生离子间的拮抗再用，阻碍了对所需求的离子的吸收，重者会造成植物枯萎。

　　配方施肥的基础是对土壤供肥能力的科学判定，而判定的基础是对土壤进行化验分析和在该土壤上进行的植物试验。我国土壤类型繁多，土壤肥力水平差异较大，不同土壤有不同的养分供应能力，生产实际中应根据土壤的性质、土壤的养分含量，确定土壤的养分供应能力。

　　不同植物种类甚至同一植物的不同品种，其需肥规律各不相同，生产中应根据植物的营养特性及其养分需求规律，科学确定肥料的用量和施肥方式。

　　目前，我国推广应用的主要是养分平衡法配方施肥，该方法容易掌握，但应用时必须具备五个有效数据，即植物计划产量、单位经济产量植物的吸肥量、土壤供肥量、肥料利用率及肥料有效养分含量。其中最关键的数据是土壤供肥量，它需要进行土壤化验分析才能准确确定。

第二节　化学除草剂的类型及其使用技术

　　化学除草剂特别适用于园林建设前或栽培种植前的大面积除草。

一、除草剂的类型

　　目前化学除草剂的种类较多，常用的类型有以下几种：

1. 灭生性除草剂

对所有植物不加区别，全部杀死。如五氯酚钠、百草枯。

2. 选择性除草剂

对杂草有选择的杀灭，对植物的影响也不尽相同。如2，4~D。

3. 内吸性除草剂

这种除草剂可通过草的茎、叶或通过根部吸收，起到破坏内部结构，破坏生理平衡的作用，从而使植物死亡。由茎、叶吸收的如草甘磷；通过根部吸收的如西马津。

4. 触杀性除草剂

除草剂只杀死直接接触的植物部分，对未接触的部分无效，如除草醚。

二、常见化学除草剂及使用方法

1. 除草醚

可湿性粉剂，灭生性触杀除草剂。在有阳光、温度高、土壤湿润的条件下，效果显著。在20℃以下的温度中，药效差。残效期20~40d。

2. 草枯醚

20%乳剂，灭生性触杀除草剂。在阳光下，药效反应迅速，受温度影响小。可杀死多种初萌发杂草，但对长大的杂草药效差，常在杂草萌发前或萌发期做土壤处理。残效期20~30d。

3. 五氯酚钠

分粉剂与颗粒剂，灭生性触杀除草剂。杀死初萌发的杂草效果大，对宿根性和已长大的杂草效果差。残效期3~7d。

4. 扑草净

50%可湿性粉剂，高效内吸除草剂。杀草范围广，药效持续期长。常在种植前做土壤处理，在幼苗出土期使用也可以。春季盆栽区域在摆盆前使用，有效期长达60d以上。

5. 灭草隆

25%可湿性粉剂，灭生性内吸除草剂，也有一定的触杀作用。杀草范围广，除一年生草外，对多年生深根生草也有效，一般做土壤处理。

6. 敌草隆

25%可湿性粉剂，根部内吸除草剂，茎叶吸收少。杀草范围广，在杂草萌发期做土壤处理。残效期50~70d。

7. 绿麦隆

25%可湿性粉剂。根部内吸除草剂,也有叶面触杀作用。用药后不影响发芽,但杂草长到一定的时候,因光合作用被破坏而死亡。

8. 2,4—D除草剂

高度选择性的内吸除草剂。在杂草萌发时做土壤处理效果最好,做茎叶喷射时也能收到较好的效果。杀死双子叶植物的作用强,对单子叶植物无效。适宜在单子叶草坪上使用。

9. 草甘膦,又名镇草宁

为10%～16%的黑褐色液体,灭生性内吸广普除草剂。可杀死多年生杂草,使用时喷洒茎叶。

10. 百草枯

5%～20%水溶液剂,灭生性触杀除草剂。对杀死一年生植物的效果好,对多年生深根性的杂草,只能杀死其绿色部分,抑制其生长。

11. 茅草枯,又名达拉朋

87%可湿性粉剂。内吸性除草剂,可作土壤处理,也可作茎、叶喷雾。对单子叶植物效果好,对双叶植物效果差。与扑草净、除草醚等混合使用,可扩大杀草范围,提高杀草效果,延长药效持续时间。

12. 西马津

50%可湿性粉剂,高度选择性内吸除草剂。宜作土壤处理。药效反应慢,杀草范围广。对杀一年生杂草效果好,对多年生深根性杂草效果差,但使用药剂量大时,也能使之死亡,且残效期很长。

本章小结

配方施肥是园艺施肥的方向。它主要包括土壤调查、分析植物需求量、计算和施肥等步骤。除草剂有灭生性、选择性、内吸性和触杀性等,生产实践中应谨慎选择和使用。

复习与思考

1. 简述配方施肥的依据和方法。
2. 根据苗圃的杂草情况,选择一类型除草剂并简述其使用方案。

第八章

花卉病虫害防治

> **学习目标**
>
> 熟悉花卉病虫害的防治原理与方法,熟悉常用农药的种类及特性,掌握农药配制与使用技术,掌握花卉常见病虫害的化学防治技术。

第一节 花卉病虫害的防治原理与方法

花卉病害一般分为生理性病害和寄生性病害两类。

一、生理性病害

主要是由于气候和土壤等条件不适宜引起的。常发生的生理病害有:夏季强光照射引起灼伤;冬季低温造成冻害;水分过多导致烂根;水分不足引起叶片焦边、萎蔫;土壤中缺乏某些营养元素,出现缺素症等等。

二、寄生性病害

是由于真菌、细菌、病毒、线虫等侵染而引起的。这些生物形态各异,但大多具有寄生力和致病力,并具有较强的繁殖力,能从感病植株通过各种途径(气孔、伤口、昆虫、风、雨等)传播到健康植株上去,在适宜的环境条件下生长、发育、繁殖、传播，周而复始，逐步扩大蔓延。因此，这类病害对花卉造成的危害最大。

1. 真菌

真菌是没有叶绿素但具有真核的低等生物。它以菌丝体为营养体，以孢子进行繁殖，是花卉病害中最主要的一类。真菌病害多数具有明显的病症，如霉状物、粉状物、锈状物、点状物、丝状物等，这些特征是识别真菌病害的主要依据之一。常见的真菌性病害有白粉病、炭疽病等。

2. 细菌

细菌是一类单细胞的原核生物，用分裂方式繁殖。细菌病害的特征主要是受害组织呈水渍状或病斑透光，以及在潮湿条件下从发病部位向外溢出细菌粘液，出现"溢脓"现象，这是识别细菌病害的主要依据之一。常见的细菌性病害有鸢尾细菌性软腐病等。

3. 病毒

病毒是一种极其微小的寄生物，必须用电子显微镜才能观察到它的形态。它寄生于花卉活细胞组织内，并能随着寄主汁液流动在花卉体内运转扩散到全株，引起全株病害。病毒病常呈现花叶、黄化、畸形、环斑等症状。常见的病毒病害有水仙病毒病等。

4. 线虫

线虫是一类低等动物。线虫体形细长，两端稍尖，体长一般为1～2mm，形似蛔虫。少数线虫的雌成虫呈球形或梨形。多存活于土中，寄生在花卉根部，刺激寄主局部细胞增殖，形成瘤状物。常见的线虫病害有仙客来根结线虫病等。

三、病虫害防治方法

随着科学技术的发展，花卉病虫害的防治方法有了很大的发展，常用的方法有以下几种：

1. 农业防治

即采用各种措施，除直接杀灭有害生物外，主要是恶化有害生物的营养条件和生态环境，以达到抑制其繁殖率或使其生存率下降的目的。其防治方法可分为以下几种：

（1）直接杀灭病虫　提早春耕灌水和水旱轮作及冬耕、中耕等；

（2）切断食物（营养）链　病地轮作和改革耕作制度或调整植物布局等；

（3）抗害和耐害作用　选育和利用抗性品种（利用转基因和基因重组等生物技术培育抗性品种）等；

（4）避害作用　调节栽培时期等；

（5）诱集作用　在植物行间种植诱集植物或设置诱杀田等；

（6）恶化病虫害的生活环境　改变害虫生存的环境条件和改善农植物周围的环境条件等；

（7）创造天敌繁衍的生态条件　合理的植物布局及按比例套种、间种等。

2. 利用天敌昆虫防治害虫

主要途径有：自然天敌昆虫的保护；大量繁殖和饲养释放天敌昆虫；移殖和引进外地天敌昆虫。

3. 物理机械防治病虫害

（1）人工器械捕杀　根据害虫的生活习性，使用一些简单的器械捕杀，如用铁丝钩捕杀树干蛀道中的天牛等。

（2）诱集和诱杀　利用害虫的趋性或其他习性进行诱集，然后加以处理，也可以在诱捕器内加入洗衣粉或杀虫剂，或者设置其他直接杀灭害虫的装置。灯光诱杀、潜所诱集、利用颜色诱虫或驱虫等。

（3）阻隔法　根据害虫的为害习性，可设计各种障碍物，以防止害虫为害或阻止其蔓延。

除此之外，还有利用温、湿度杀灭病虫和利用某些高新技术防治病虫等新技术。

4. 化学防治

利用农药为主的化学制剂以达到预防、消灭或者控制病虫害和其他有害生物，以及有目的地调节植物、昆虫生长等。

如何选择防治的方法应根据植物的抗性和病虫害的危害程度及对环境的破坏性来评估决定。

第二节 农药的种类与选择

农药的分类方法很多,可以根据来源、防治对象、作用方式及剂型等进行分类。

一、常用的农药剂型和选择

1. 粉剂

粉剂是由原药、填料和少量助剂经混合、粉碎再混合成一定细度的粉状制剂。粉剂一般用喷粉机喷粉。

2. 可湿性粉剂

是指可以湿法使用的一种粉状制剂。在形态上,它类似粉剂;在使用上,它类似于乳油。加水稀释至一定的浓度即可用于喷雾。

3. 乳油

是由农药原物(原油或原粉)按规定比例溶解在有机溶剂(如二甲苯、甲苯等)中,再加入一定量的农药专用乳化剂而制成的均相透明油状液体。按一定比例加水稀释成乳液用于喷雾、拌种、涂茎、浸种等。

4. 颗粒剂

是由原药、载体和助剂组成的一种松散颗粒状产品。水田使用时将颗粒剂分散在灌溉水中即可,旱地使用颗粒剂可采取拌种、撒施等。

5. 种衣剂

在干燥或湿润状态的植物种子外用含有粘结剂的农药或肥料等组合物包裹,使之形成具有一定功能和包覆强度的保护层,这种包在种子外面的组合物称之为种衣剂。

二、杀虫剂的类型与选择

1. 杀虫剂的类型

(1)按作用方式 可分为触杀剂、胃毒剂、内吸剂、熏蒸剂、拒食剂、引诱剂、不育剂及昆虫生长调节剂;

(2)按化学结构 可分为有机磷杀虫剂、有机氯杀虫剂、氨基甲酸酯类杀虫剂、拟除虫菊酯类杀虫剂、沙蚕毒素类杀虫剂等；

(3) 按作用机制　可分为神经毒剂、呼吸毒剂、生物合成抑制剂等。

2. 杀虫剂的选择　杀虫剂的选择必须保证科学、合理地使用，否则会出现对环境的污染、导致人畜中毒、使病虫产生抗药性以及破坏整个生态系统等严重后果。

三、杀菌剂的类型与选择

1. 杀菌剂的类型

(1) 按防治对象　可分为杀真菌剂、杀细菌剂、杀病毒剂；

(2) 按作用方式和机制　可分为保护剂、铲除剂、内吸性杀菌剂、麦角甾醇生物合成抑制剂等；

(3) 按原料来源及化学结构　可分为化学合成杀菌剂、农用抗生素、植物杀菌素等；

(4) 按作用方式　可分为喷布剂、种子处理剂、土壤处理剂、熏蒸和熏烟剂、保鲜剂等。

2. 杀菌剂的选择　常用的杀菌剂有波尔多液、代森锰锌、甲霜灵、百菌清、三唑酮、异菌脲、多菌灵、噻枯唑、井冈霉素等。各种杀菌剂都有其独特的生化特性，注意它与其他农药的兼容性。

第三节　常用农药的配制与使用技术

农药的合理使用必须建立在对植物生长的危害程度、药品的生化特性和对环境的破土性的深入了解的基础上。

一、农药使用量和使用浓度

农药的配制是把商品农药配成为可以直接用于田间防治有害生物的状态。农药的使用量和使用浓度除应根据农药商品说明书或标签纸上的说明要求外，还应考虑当时、当地的实际情况。一般来说，植物的叶面积系数越大，单位面积用药量也应越大。为保证单位面积植物上有足够的药剂致死病虫害，随着植物生长量增大，用药量也应相应增大。植物病虫害的发生情况和对某种农药的感受能力，也是确定农药使用量和使用浓度的一个重要指标。害虫种群密度大或病害扩散严重，需要的药量则大；反之，用药量则小。病虫害对某种农药已有一定的抗性，需要适当增加使用量和使用浓度，以确保能达到防治要求。

商品农药中，除了低浓度的粉剂和超低量专用油剂可直接使用外，一般都要加水或其他溶剂经配置稀释后才能使用。农药配制按重量计算，首先确定使用浓度。浓度确定后将称好的药倒在一个器皿（碗、盘）中，然后加少量已称量过的水搅拌均匀后，倒入喷雾器内，再用称量过的水连续冲刷几次，最后加足应加的水，经充分搅拌后就可使用。

二、稀释农药的计算方法

1. 用百分比浓度求商品农药的用量。

商品农药用量＝使用浓度×稀释后药液总量/商品农药浓度

例如：配制喷雾用药液 15kg，商品药是 40% 的乐果，使用浓度为 0.1%，则需要商品农药 0.0375kg。计算方式如下：

商品农药量＝0.001×15/0.4＝0.0375（kg）

2. 用百万分浓度

指一百万分药液中有效成分含量，表示方法为 ppm 或 $\mu g/ml$、mg/L。计算方法同百分比。

3. 稀释倍液

指商品农药加水的倍数，如 80% 敌敌畏使用 2000 倍液，就是 0.5kg 药加 1000kg 水。

4. 稀释农药的简便计算方法（按重量）。

加水倍数＝商品药浓度（浓）/使用浓度（稀）－1

例如：有 15 度石硫合剂，在早春按 0.3 度使用，应加 49kg 水稀释后才能使用。具体计算方式如下：

加水倍数＝15/0.3－1＝49

三、农药使用的常见方法

1. 喷粉法

通过喷粉器械将粉状毒剂喷撒在植物或害虫体表面，使害虫中毒死亡。

此法效率高，不需用水，对植物药害也较小。缺点是毒剂在植物体上的持久性较小，用量大，较不经济。

2. 喷雾法

利用溶液、乳剂或悬浮液状态的毒剂，借助喷雾器械形成微细的雾点喷射在植物或害虫上。

3. 熏蒸法

利用有毒气体或蒸气，通过害虫呼吸器官，进入虫体内而杀死害虫。

4. 毒草饵

利用溶液状或粉状的毒剂与饵料制成的混合物，然后撒在害虫发生或栖居的地方。

5. 胶环（毒环）法

利用2～8cm宽的专门性粘虫胶带，围绕在树干的下部，将毒剂直接涂在树皮上或涂在紧缠在树干上的纸带或草把环上，可以阻止或毒杀食叶昆虫爬到树上为害。

使用农药必须保证人员和植物的安全。

第四节　花卉常见病虫害的防治

一、白粉病

1. 症状

发病时叶片、枝条和花芽表面均长出一层白粉状物。病株矮小，不壮旺，叶子不平或卷曲，枝条发育畸形，花芽萎缩，不能开花或开畸形花。严重时，叶片萎缩干枯，严重影响植株生长，以致整株死亡。发病原因多由于盆土过湿，氮肥过多，遮荫时间过长所致。

2. 防治方法

要注意通风，控制湿度，剪除病叶，集中烧毁，并在露水未干时，喷洒少量硫磺粉或0.1～0.3波美度石硫合剂，即能起到防治作用。

二、根腐病

1. 症状

从野外挖掘的树桩（常作树桩盆景的桩坯）栽到盆中后，常会发生此病。大多数由于移栽不良，加上伤口被病菌感染以及浇水过多、土壤涝渍、通气不良、根系窒息而引起腐烂。施肥过多也会引起烂根，根部腐烂后，吸收功能受到阻碍，导致地上部枝枯叶落。

2. 防治方法

小心地把原株挖起，对根系腐烂部分进行修剪，然后用新土栽种，并改变树桩的生长条件，增加光照，疏松土壤，适当控制水、肥，促使其恢复生长。

三、叶霉病

1. 症状

发病初期，叶片上出现圆形紫褐色斑点，并日益扩大，中央呈淡黄褐色，边缘呈紫褐色，病斑上有明显的同心轮纹。到秋天，病斑变成黑褐色，焦脆，易破裂，其上长有墨绿色的霉状物。严重时，病斑常由植株下部蔓延至整株叶片，造成大量叶焦，影响生长和第二年开花。发病原因多由于管理不善，如湿度大或植株受冻。

2. 防治方法

主要是加强管理，注意整枝，保持植株通风透光，保持土壤干爽。及时清理病叶、枯枝，集中烧毁。也可在初春和初秋时每周喷一次波尔多液120～160倍液或65％代森锌可湿性粉剂500～600倍液预防。

四、天 牛

1. 症状

天牛1～2年发生一代，以幼虫于树干中越冬。初孵幼虫在树皮下盘旋蛀食，再蛀入树干、根内，然后在其中化蛹。成虫自5月下旬开始羽化，以树梢、嫩叶为食。被危害的盆树往往招致死亡。

2. 防治方法

捕杀成虫，敲死虫卵。对蛀入木质的可用钢丝钩死，或用敌敌畏湿棉花球堵塞蛀孔，外糊黄泥封闭洞口。或用乐果加水 5～10 倍滴注蛀孔毒杀幼虫。还可剪除受害枝条，立即烧毁。

五、介壳虫

1. 症状

常见的有吹绵介壳虫和盾介壳虫。吹绵介壳虫白色蜡质纤毛状；盾介壳虫盾形褐色。介壳虫主要以其刺吸口器刺吸植株汁液，使植株生长不良，甚至整株枯死。其排泄的分泌物堵塞叶面气孔，往往引起煤烟病。

2. 防治方法

在幼虫孵化初期，用敌敌畏 800～1500 倍液喷杀，或用毛笔蘸水将虫刷下杀除。此外，还要适当修剪，增加通风透光。

六、蚜　虫

1. 症状

蚜虫体形小，有绿、褐、红、黑、灰色等。繁殖力极强，一年可繁衍 10～30 代，每年 3～10 月间为繁殖期。蚜虫群集于幼嫩枝叶上，以刺吸口器吸取植株汁液，使嫩梢萎缩，嫩叶卷曲，产生瘤状突起，并招致蚂蚁，传染其他病害。

2. 防治方法

用乐果乳剂 1000～2000 倍液或敌敌畏 1500～2000 倍液喷杀。榆树、朴树、石榴等对乐果敏感，喷后会落叶，可改用鱼藤精 1000 倍液喷杀。

七、红蜘蛛

1. 症状

体型极小，红色。在高温干燥的环境下，繁殖很快，每年可繁衍 7～14 代。它喜欢在植株上结网，在网下吸取汁液，使受害叶枯黄败落，影响长势，有的甚至全株枯萎。

2. 防治方法

用乐果或敌敌畏 1500～2000 倍液喷杀，同时还要注意增加空气湿度。

植物病虫害防治方法和选择顺序应是，农业防治、生物防治、人工机械物理防治和化学防治。

本章小结

植物病虫害防治的方针是以防为主，综合防治。防治方法有农业防治、生物防治、人工机械物理防治和化学防治。

复习与思考

1. 试述农业防治、生物防治、人工机械物理防治和化学防治的特点。
2. 结合当地花卉主要病虫害发生为害情况，编写一综合防治方案。

第五篇

花卉应用与绿化施工

第一章

切花应用

> ☞ **学习目标**
>
> 　　了解常用切花的观赏特性及花语知识，掌握常见切花材料的保鲜技术，能利用切花进行插花及环境装饰。

第一节　切花的种类及特点

一、花材选择

切花花材根据观赏部位可分为观花花材、叶材、枝材和果材等。

1. 观花花材

以观赏花朵、花序、花苞片等为主，是应用最广的主体花材。大部分花材已能够全年供应，但有一些花材只能在特定的季节面市。常见的花材有：非洲菊、玫瑰、百合、菊花、唐菖蒲等。

2. 叶材

以观赏叶片为主，在插花作品中常作为陪衬材料。巧妙地使用叶材，可体现出一件插花作品的艺术性和完整性，如散尾葵、虎尾兰、熊草、天门冬、绿萝、八角金盘、巴西木等都是极为常用而又极好的叶材。

3. 果材

以美丽鲜艳的果实为主要观赏对象，虽然种类不多，但往往起到"画龙点睛"的作用。常用的果材有，乳茄、小叶女贞、南天竹、火棘果、各种水果等。

4. 枝材

以其茎、枝的优美姿态和特殊的色彩参与作品的塑造。常见的枝材有，银芽柳、竹枝、结香、梅、红瑞木等。

自然界中的花草树木数不胜数，除了花店中所售的鲜花之外，许多野草都可以用来进行插花，只要巧妙安排，常可创作出出奇制胜的作品来。在选择自然界中的植物作为花材时应注意以下几点：

1. 茎干有一定的坚韧性，能够插在花泥上固定住。
2. 有一定的长度，可供修剪造型。
3. 有比较好的水养性，在切离母体后水养仍能保鲜较长的时间。

二、常用花语

不同国家、民族对花有不同的喜好和理解，花语也因此而不同。最常见的花材表达的花语摘录如下：

玫瑰——爱情

康乃馨——感谢母亲

郁金香——爱的表白、永远祝福

水仙——冰清玉洁

百合——顺利、百年好合

石斛兰——祝福、幸福

鸢尾——想念你

小苍兰——浓情

菊花——高洁、长寿

腊梅——坚忍不拔

梅花——坚毅、独立

荷花——高雅

丁香——初恋

满天星——清纯、温柔

晚香玉——寻找快乐

千日红——不变的恋情

勿忘我——勿忘我

红掌——心心相印

一品红——祝福

第二节 切花的保鲜与贮藏

一、花材保鲜

花材脱离了母体后，一般会很快凋谢枯萎。因此花材保鲜工作对延长花材寿命有积极意义。保鲜时注意以下三条：一是避免高温，一般花材在8℃，热带花材在18℃时保鲜时间最长，因此要尽可能地远离热源和强光直接照射，另外也应注意避免冻伤。二是防止水中细菌繁殖，以免堵塞了花材的吸水导管，使花材萎蔫。因此，插在水中的插花应每1~2d换水一次，插在花泥中的花材无法换水，则需常向花泥中补充水分。三是注意不要同水果等放在一起，以免水果呼出的乙烯加速花材枯萎。

二、常用保鲜方法

1. 切口灼烧法

对吸水性差、含乳汁及多肉的木本花卉，剪切后立即用火烧焦切口处。如牡丹、银芽柳、一品红、橡皮树、八仙花等均可采用此法。灼烧时可用煤炉火或酒精灯、蜡烛火焰，注意不可熏烤上面的枝叶和花朵，最好用湿毛巾或纸将它们包裹后再烧切口。烧焦的枝茎端部立即浸入冷水中使其炭化。

2. 切口浸烫法

对草本花卉，尤其对吸水性差或含乳汁的草花，如银边翠、猩猩草等。将茎端2~3cm处浸入沸水中，约20~40s，若为80℃水可浸几分钟，浸至发白，立即取出放入冷水中浸凉（见图4-5-1）。

3. 扩大切口面积法

将切口斜切，对于木本花卉还可将基部纵向劈开，中间夹一石子，将

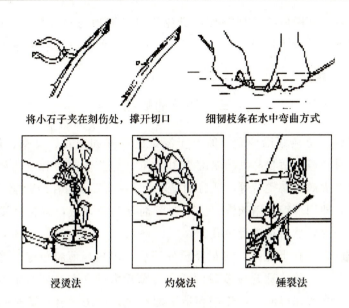

图 4-5-1　花材的处理方法

茎端 3～4cm 的一段锤裂。

4. 切口涂浸药物法

切口涂抹酒精或浸泡在酒精内 2～3s，波斯菊、茉牛、水仙、紫藤等常用此法。也可用硼酸、醋酸、稀盐酸涂抹切口，或在切口处涂盐，百合、向日葵、桔梗及水生花卉常用此法。玫瑰、银芽柳等可将切口浸在食用醋酸里数秒种。

5. 保鲜液法

有预处理液、催花液和水养液。预处理液是在切花采收分级之后，贮藏运输可水养之前，进行预处理所用的。催花液是促使蕾期采收的切花开放所用的保鲜液，能使可能不开或开不大的花朵开放，或使其开得更大、颜色更艳。水养液是切花在水养观赏期所用的保鲜液。常用的保鲜药物有硼酸、稀盐酸、水杨酸、高锰酸钾、石碳酸、硝酸钾、硫磺及食盐、糖、维生素、阿司匹林等。在 1000ml 水中放阿司匹林 3 片，也可用 1/4000 的高锰酸钾溶液。在配制和使用保鲜液时，注意不要用金属容器，以免使保鲜液与容器发生化学反应而失效。

6. 水中剪切口法

在水面下 3 厘米处将枝剪断，并根据运输时间长短确定剪切程度，长则多剪去点，剪断后应立即制作，避免切口过多地与空气接触。除多汁、多浆花卉外，一般花卉均宜，对唐菖蒲、菊花、大丽花等草本花卉更为有效。

三、切花的贮藏

贮藏鲜切花最好用冷藏。原产于温带的花卉如菊花、月季、郁金香、香石竹、百合等，适合冷藏的温度为1～4℃。原产于热带和亚热带的切花如热带兰、火鹤、鹤望兰等，适宜的温度为7～15℃。可在冷藏前将花材进行预处理，即用蔗糖、硝酸银、生长调节剂等预处理液，将花材浸泡几小时至十几小时，然后再进行冷藏。

冷藏的方式有干冷藏，切花经预处理后，用塑料薄膜包好，将其放入冰箱、冷藏柜，此法适合冷藏时间长、冷藏量大的切花。还有湿冷藏，将切花插在清水或保鲜液中，连同容器一起冷藏，此法适合冷藏时间短或不适合干冷藏的切花，如非洲菊、金鱼草等。

第三节　插花及切花装饰

插花是将植物体上的花、枝、叶、果等剪切下来，以一定的技法为基础，配合生活的场合、用途等，按照构图原则和色彩搭配进行设计，将其插在盛水容器中或保水的基质上，组成一件既能表达思想，又能展示花美的艺术品。

一、花材的固定

阔口容器和花篮、壁挂等用花泥固定。将花泥放在清水上浸泡，逐渐吸水后下沉，就可吸透。按容器口径大小切剖，用花篮或其他漏水容器时应用薄膜先包住花泥。插花时将花材基部剪成斜口，插入花泥（见图4-5-2）。

浅盘及低身阔口容器等用剑山固定。粗硬枝必须剪斜口，并在斜口上剪裂口。先将切口尖端直立插入针间，然后再顺着斜切口慢慢往下压（见图4-5-3）。

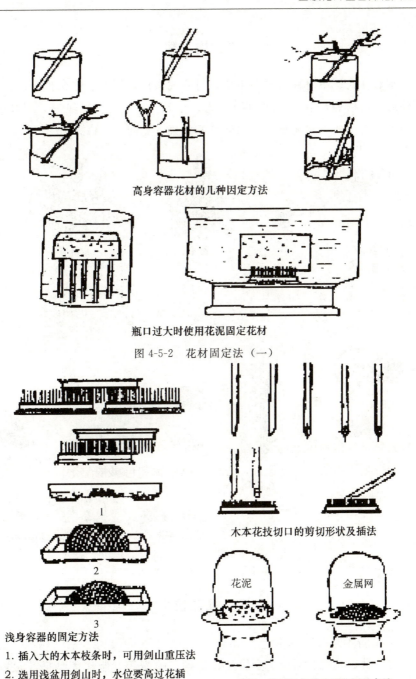

图 4-5-2 花材固定法（一）

图 4-5-3 花材固定法（二）

二、构 图

有对称式、不对称式和自由式,对称式包括椭圆形、三角形、扇面形、半球形、塔形等,不对称式包括 L 形、S 形、月牙形、弧线形、不等边三角形等。自由式不拘泥形式,强调装饰效果(见图 4-5-4)。

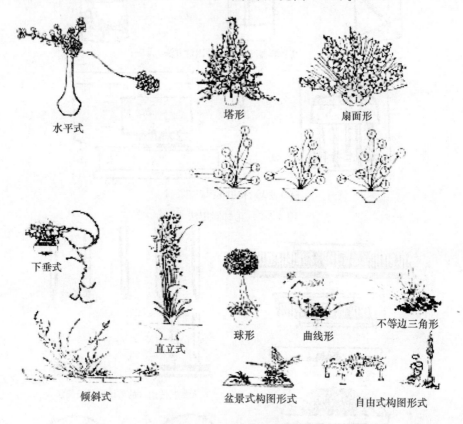

图 4-5-4 插花的基本形式

三、插花技术

1. 准备工具及容器

刀、剪、花泥、剑山、金属丝、水桶、喷壶等。制作大型插花最好备有小手锯、小钳子等。除花瓶外凡能容纳一定水量的盆、碟、罐、杯子及其他能盛水的工艺装饰品都可作插花容器。

2. 花材加工处理

枝条造型方法有，软枝握在掌中，通过掌心的温度慢慢弯曲，也可将局部枝条在热水中浸泡，软后作弯，或弯曲部剪一切口。花可进行分解和加大，有些花材花萼或花枝纤细易失水变软，需用铁丝加固，加固后用绿胶带缠绕。叶造型时，将过大的叶剪小，过厚的叶镂空，也可撕裂、卷曲、打结、钉扎等（见图 4-5-5）。

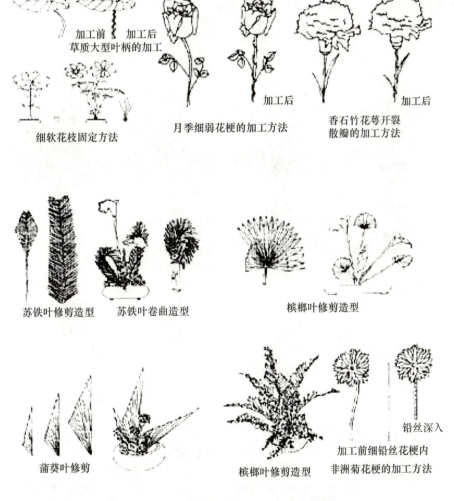

图 4-5-5　花材加工方法

3. 插花方法

应根据环境条件，决定作品的体形大小。大型作品可高达 1～2m，中型作品高 40～80cm，小型作品高 15～30cm，而微型作品高不足 10cm。花材之间和容器之间的长短、大小比例关系一般是最长花枝为容器高度加上容器口宽的 1～2 倍（见图 4-5-6）。几种简单造型的制作方法与步骤如下（见图 4-5-7、8）。

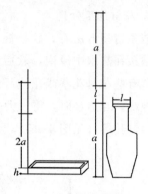

图 4-5-6 主要花枝长度的计算方法
（即插花高度的计算方法）

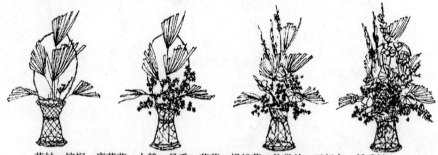

花材：棕榈、唐菖蒲、火鹤、月季、菊花、蜈蚣草、热带兰、天门冬、绣球松
容器和用具：中型花篮、花泥
步骤：①先放花泥后插衬叶 ②插入常绿植物 ③插摆外围花卉 ④插摆

图 4-5-7 中型花篮制作步骤

浅身容器插花制作步骤

（名称：丛中笑）

花材：莺尾、月季、天冬草
容器和用具：水仙盆、花泥
步骤：①选材 ②选插衬景叶 ③插花后完成

身高容器插花制作步骤

（名称：腾飞）

花材：苏铁、绣球松、火鹤、月季、唐菖蒲
容器和用具：深色瓷花瓶
步骤：①插衬景叶 ②插摆花 ③完成

图 4-5-8 插花制作步骤

本章小结

切花材料的鲜活是应用的前提,要利用综合的保鲜技术,延长寿命。插花时要充分构思,并熟练操作,正确处理花材,最终使作品反映出风格和主题。

复习与思考

1. 花材有哪些类型?举例说明。
2. 花材如何保鲜处理?
3. 花材怎样造型?

第二章

室内植物布置

> **学习目标**
>
> 熟悉室内观叶观花植物和盆景的特性，了解室内环境特点，掌握室内植物布置及养护技术。

第一节 室内盆栽植物布置

室内绿化，近二三十年来世界上流行以原产于热带、亚热带的观叶植物为主，也兼及茎、花、果的一些常绿植物群，适宜室内长期生长的观叶植物很多，如肾蕨、鸭跖草、吊兰、一叶兰、热带兰、鹤望兰、合果芋、花叶芋、竹芋、凤梨、火鹤花、吊竹梅、绿萝、常春藤、龟背竹、春羽、喜林芋等。还有特别适宜作室内景园的鹅掌柴、发财树、富贵竹、棕竹、佛肚竹、南天竹、散尾葵、鱼尾葵、铁树、榕树等。这些植物大多原来生长在热带雨林下层，所以生长耐阴湿，不需很强的光线，适宜室内生长。大多原产热带的观叶植物适宜生长温度为21～26℃，冬季最低温度应保持在12～15℃，原产温带、亚热带的植物适温为16～21℃，冬季可耐7℃的低温。

一、室内环境特点

室内环境不同于室外，大多光照不足，一般均低于2000lx，有的不足

500lx，如宾馆、酒店等的过道。湿度较室外低，北方地区冬季有暖气，温度基本能满足观叶植物的生长。

二、室内盆栽植物布置的艺术原则

1. 内外空间的过渡与延伸

在入口处设置花池、盆栽或花棚；在门廊顶部或墙面上作悬吊绿化；在门厅内作绿化甚至绿化组景；也可采用借景，通过玻璃和透窗，使人看到外部的植物世界等手法，使室内外的绿化景色互相渗透。

2. 限定与分割空间

利用盆花、花池、绿帘、绿墙等方法作线型分隔或面的分隔。

3. 柔化空间

利用室内绿化中植物特有的曲线、多姿的形态、柔软的质感、悦目的色彩和生动的影子，改善原有空间的空旷、生硬的感觉。

4. 空间的提示与导向

大型公共空间的出入口、变换空间的过渡处、廊道的转折处、台阶坡道的起止点，可设置花池、盆栽作提示，借助有规律的花池、花堆、盆栽或吊盆的线型布置，可以形成无声的空间诱导路线。

5. 装点室内剩余空间

如在悬梯下部、墙角、家具或沙发的转角和端头、窗台或窗框周围，以及一些难利用的空间死角布置绿化。

三、布置方法

1. 家庭居室

以小型、观叶、耐荫较长的品种为宜。不同房间不同功能，装饰要求也不同。如客厅，植物与墙面、地板颜色相衬，大客厅放鲜艳花卉，给人热情、温暖，中央放置1~2盆高大、叶硕而舒展的南洋杉分割空间，墙角、柜旁、沙发边可放置大型花木如苏铁、橡皮树，配以小型的四季海棠、瓜叶菊、水仙、仙客来等。卧室布置应少而精，选色淡、小型、柔软的吊兰、文竹等；选清香的月季、夜来香、兰花、水仙等。阳台摆花应根据不同阳台方向选择适宜的植物，如向阳阳台，选观花、观果、观叶各类花木。背阴阳台选喜荫花卉如杜鹃、兰花等。阳台栏杆装饰时，可设置铁架、种植器及花盆。

2. 室内公务活动场所

办公室植物装饰应与室内环境相协调，植物设在不易为过往的人碰到的地方，避免遮挡视线。办公室较小的，可充分利用窗台、墙角及办公用具点缀少量植物。现代开敞式大型办公室可用植物划分空间，分隔成大小不同的房间，相互渗透、流通。接待室中选用植物材料较小，以观叶植物为主，摆花和盆花为辅，还可结合室外景观，渲染气氛。会议室装饰时常在主会议桌上摆放3~5株小型盆花，如一品红、红掌等，角落处摆放橡皮树、龟背竹等。礼堂装饰时主席台为重点区域，一般对称的布置，主席台前缘放两排盆花，前排摆放矮小的，以观叶植物为主，如天门冬、吊兰、肾蕨等，利用下垂枝叶挡住后排花盆，后排摆放大丽花、一品红、月季、君子兰等。

不同区域选择适宜的室内盆栽植物布置装饰形式室内环境条件对植物生长的影响。

第二节 室内盆栽植物的养护

要使植物在室内保持长期正常生长，枝繁叶茂，具有良好的观赏效果，掌握合理的养护与管理方法是很重要的。

一、光 照

多数观叶植物及蕨类植物，喜好过滤性、间接或反射光，开花植物多喜光。解决光照不足的方法是将植物移于光照充足的地方，如窗口，不易搬动的植物可以增加人工光源，如白炽灯、日光灯等。

二、温 度

现代建筑中的室内大多设有中央空调和暖气设备，四季基本温度保持在16~27℃，所以是很适宜室内植物生长的。温度达不到要求的室内，则要注意晚上的低温，可在晚上把盆花移入空调间或厨房间，或采用套塑料袋等方法。

三、浇　水

用自来水浇灌植物应将水放置 12h 以上，待水无明显的温差和漂白粉散发后再使用。盆栽一般是见干再浇，要一次性浇透，不要只浇表面，以盆底的水开始外溢为准。发现叶子及花瓣垂落时应立刻浇水，有时叶面也应经常喷水或用湿布擦拭。

四、施　肥

为避免污染室内空气和保持室内卫生，应选用无异味和不招蝇虫的肥料。大多用成品复合肥，针对植物选用分别适合观叶、观花、观果的肥料，施用时掌握"宁少勿多"的原则。

五、病虫害防治

常见生理性病害：

1. 脱叶　水分过大或烂根；

2. 叶片枯黄　叶片干尖或边缘枯黄，表明缺水和空气干燥；如叶片突然干枯，是肥料过量或基质内虫害所致。有害气体和射线（如新装修的房间或离电视太近）有时也能造成叶片枯黄或全株死亡；

3. 根腐病　浇水太多，基质板结不透气和施肥过多所致。

常见病理性病害：

1. 白粉病　叶面覆盖一层白色小斑点，逐渐扩散变灰色，导致叶片脱落；

2. 叶斑病　叶片出现黑色斑点，周围成水渍状褐色圈；

3. 枯枝病　病菌从生长较弱的枝条滋生，从顶部干枯，直至全株枯萎死亡；

4. 锈病　初期叶背出现黄色小斑，以后锈孢子逐渐呈橘红色粉状。

这几种病害是由于温度过高，水分、湿度过大、光照不足和不透风引起的病菌性病害。轻的或以剪去生病部位以防蔓延，重则应彻底销毁。也可移于室外喷洒托布津、多菌灵等药剂。早期发现也可在室内用青霉素、链霉素抗菌药水涂擦患处。

常见虫害：

1. 介壳虫　这种虫外部有蜡质的介壳，吸附在植物上吸取汁液，造成受害部位枯黄脱落或植株死亡；

2. 红蜘蛛　体小呈红色，常栖于叶片背面吸取汁液；

3. 粉虱　双翅有白色蜡粉，常用刺吸式口器刺入植物吮吸汁液。

治理这些虫害，由于室内不宜用药物喷洒，最好采用内吸性药物，如呋喃丹、滴灭威等埋入土内，待药物吸收到植物体内，昆虫吸取汁液就会致死，虫害较轻的也可采用手捉、湿布擦拭或剪去受害枝叶的办法。

本章小结

> 室内盆栽植物布置时应根据室内环境特点和植物特性来摆放，容器和栽培基质应适宜，养护过程中要注意浇水方式和浇水量，做好防尘、摘叶、病虫害防治工作。

复习与思考

1. 室内植物布置时应遵循哪些艺术原则？
2. 不同的环境应如何进行植物布置？
3. 室内植物怎样进行养护管理？

第三章

绿化施工

> ☞ **学习目标**
> 熟悉一般绿化施工的技术规程,掌握按图施工的方法和技术。

第一节 绿化施工技术规程

一、绿化施工的相关术语

1. 绿化工程

树木、花卉、草坪、地被植物等的植物种植工程。

2. 种植土

理化性能好,结构疏松、通气,保水、保肥能力强,适宜于园林植物生长的土壤。

3. 客土

将栽植地点或种植穴中不适合种植的土壤更换成适合种植的土壤,或掺入某种土壤改善理化性质。

4. 种植土层厚度

植物根系正常发育生长的土壤深度。

5. 种植穴（槽）

种植植物挖掘的坑穴。坑穴为圆形或方形称种植穴，长条形的称种植槽。

6. 规则式种植

按规则图形对称配植，或排列整齐成行的种植方式。

7. 自然式种植

株行距不等，采用不对称的自然配植形式。

8. 土球

挖掘苗木时，按一定规格切断根系保留土壤呈圆球状，加以捆扎包装的苗木根部。

9. 裸根苗木

挖掘苗木时根部不带土或带宿土（即起苗后轻抖根系保留的土壤）。

10. 假植

苗木不能及时种植时，将苗木根系用湿润土壤临时性填埋的措施。

11. 修剪

在种植前对苗木的枝干和根系进行疏枝和短截。对枝干的修剪称修枝，对根的修剪称修根。

12. 定干高度

乔木从地面至树冠分枝处即第一个分枝点的高度。

13. 树池透气护栅

护盖树穴，避免人为践踏，保持树穴通气的铁篦等构筑物。

14. 鱼鳞穴

防止水土流失，对树木进行浇水时，在山坡陡地筑成的众多类似鱼鳞状的土堰。

15. 浸穴

种植前的树穴灌水。

二、绿化施工的技术规程

（一）施工前的准备

1. 城市绿化工程必须按照批准的绿化工程设计及有关文件施工。施工人员应掌握设计意图，进行工程准备。

2. 施工前,设计单位应向施工单位进行设计交底,施工人员应按设计图进行现场核对。当有不符之处时,应提交设计单位作变更设计。

3. 工程开工前应编制施工计划书。

(二)种植材料和播种材料

1. 种植材料应根系发达,生长苗壮,无病虫害,规格及形态应符合设计要求。

2. 播种用的草坪、草花、地被植物种子均应发芽率达90%以上方可使用。

(三)种植前土壤处理

1. 种植或播种前应对该地区的土壤理化性质进行化验分析,取相应的消毒、施肥和客土等措施。

2. 园林植物生长所必需的最低种植土层厚度应符合表4.5.1规定。

表4.5.1 园林植物最低种植土层深度

植被类型	草本花卉	草坪地被	小灌木	大灌木	浅根乔木	深根乔木
土层厚度(cm)	30	30	45	60	90	150

(四)种植穴、槽的挖掘

1. 种植穴、槽挖掘前,应向有关单位了解地下管线和隐蔽物埋设情况。

2. 种植穴、槽的定点放线应符合下列规定:

(1)种植穴、槽定点放线应符合设计图纸要求,位置必须准确,标记明显。

(2)挖种植穴、槽的大小,应根据苗木根系、土球直径和土壤情况而定。穴、槽必须垂直下挖,上口下底相等。

(3)在土层干燥地区应于种植前浸穴。

(4)挖穴、槽后,应施入腐熟的有机肥作为基肥。

(五)苗木运输与假植

1. 苗木在装卸车时应轻吊轻放,不得损伤苗木和造成散球。

2. 裸根苗木必须当天种植。裸树苗木自起苗开始暴露时间不宜超过8h。当天不能种植的苗木应进行假植。

3. 带土球小型花灌木运至施工现场后,应紧密排码整齐,当日不能种植时,应喷水保持土球湿润。

4. 珍贵树种和非种植季节所需苗木,应在合适的季节起苗并用容器假植。

（六）苗木种植前的修剪

1. 乔木类修剪应符合下列规定：

（1）具有明显主干的高大落叶乔木应保持原有树形，适当疏枝，对保留的主侧枝应在健壮芽上短截，可剪去枝条 1/5～1/3。

（2）无明显主干、枝条茂密的落叶乔木，对干径 10cm 以上树木，可疏枝保持原树形；对干径为 5～10cm 的苗木，可选留主干上的几个侧枝，保持原有树形进行短截。

（3）枝条茂密具圆头形树冠的常绿乔木可适量疏枝。枝叶集生树干顶部的苗木可不修剪。具轮生侧枝的常绿乔木用作行道树时，可剪除基部 2～3 层轮生侧枝。

（4）常绿针叶树，不宜修剪，只剪除病虫枝、枯死枝、生长衰弱枝、过密的轮生枝和下垂枝。

（5）用作行道树的乔木，定干高度宜大于 3m，第一分枝点以下枝条应全部剪除，分枝点以上枝条酌情疏剪或短截，并应保持树冠原型。

（6）珍贵树种的树冠宜作少量疏剪。

2. 灌木及藤蔓类修剪应符合下列规定：

（1）枝条茂密的大灌木，可适量疏枝。

（2）分枝明显、新枝着生花芽的小灌木，应顺其树势适当强剪，促生新枝，更新老枝。

（3）用作绿篱的灌木，可在种植后按设计要求整形修剪。苗圃培育成型的绿篱，种植后应加以整修。

（4）攀缘类和蔓性苗木可剪除过长部分。攀缘上架苗木可剪除交错枝、横向生长枝。

3. 苗木修剪质量应符合下列规定：

（1）剪口应平滑，不得劈裂。

（2）枝条短截时应留外芽，剪口应距留芽位置以上 1cm

（3）修剪直径 2cm 以上大枝及粗根时，截口必须削平并涂防腐剂。

（七）树木种植

1. 种植的质量应符合下列规定：

（1）种植的树木应保持直立，不得倾斜，应注意观赏面的合理朝向。

(2) 种植绿篱的株行距应均匀。

(3) 种植带土球树木时,不易腐烂的包装物必须拆除。

(4) 珍贵树种应采取树冠喷雾、树干保湿和树根喷布生根激素等措施。

(5) 种植时,根系必须舒展,填土应分层踏实,种植深度应与原种植线一致。竹类可比原种植线深5~10cm。

2. 树木种植应符合下列规定:

(1) 种植裸根树木时,应将种植穴底填土呈半圆土堆,置入树木填土至1/3时,应轻提树干使根系舒展,并充分接触土壤,随填土分层踏实。

(2) 带土球树木必须踏实穴底土层,而后置入种植穴,填土踏实。

(3) 绿篱成块种植或群植时,应由中心向外顺序退植。坡式种植时应由上向下种植。大型块植或不同彩色丛植时,宜分区分块种植。树木种植后浇水。

3. 浇水及支撑固定应符合下列规定:

(1) 种植后应在略大于种植穴直径的周围,筑成高10~15cm的灌水土堰,堰应筑实不得漏水。坡地可采用鱼鳞穴式种植。

(2) 新植树木应在当日浇透第一遍水,以后应根据当地情况及时补水。

(3) 黏性土壤,宜适量浇水,根系不发达树种,浇水量宜较多;肉质根系树种,浇水量宜少。

(4) 秋季种植的树木,浇足水后可封穴越冬。

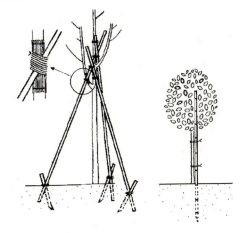

图 4-5-9 支撑方式

(5) 干旱地区或遇干旱天气时,应增加浇水次数。干热风季节,应对新发芽放叶的树冠喷雾,宜在上午10时前和下午15时后进行。

(6) 浇水渗下后,应及时用围堰土封树穴。再筑堰时,不得损伤根系。

(7) 对人员集散较多的广场、人行道,树木种植后,种植池应铺设透气护栅。

(8) 种植胸径10cm以上的乔木,应设支柱固定。支柱应牢固,绑扎树木处应夹垫物，绑扎后的树干应保持直立。如图 4-5-9 所示。

（9）攀缘植物种植后，应根据植物生长需要，进行绑扎或牵引。

第二节 绿化施工的方法

一、绿化施工方法的含义

绿化施工方法就是指根据绿化规划设计而制定的施工计划，又叫"绿化施工组织设计"。主要研究项目的施工进度如何确定和控制，每道工序之间如何衔接，材料如何供应，施工力量如何调配，工程质量如何把关等等。有了施工方法，就可指导施工单位按照施工方法规定的要求，完成各自所应做好的每项工作。例如，技术管理部门应该做好技术管理和技术培训，以保证工程质量。后勤供应部门，应按期供应质量好、品种规格适合的工具、材料、机械等；劳动管理部门，应按期调查好劳动力，并做好思想政治工作；财务部门应按计划提供经费资金等。各个部门虽然有了明确的分工，还要密切配合，通力协作，确保施工任务按期完成，并达到理想的施工效果。

二、绿化施工的准备工作

1. 了解工程概况和特点，以及对该工程有利和不利条件。明确施工的范围、工程量和预算投资等。

2. 确立施工的组织机构，设立职能部门，及其职责范围和负责人，并制定有关的制度和要求。

3. 合理安排施工总进度和单项任务进度。

4. 拟定劳动力计划，材料工具供应计划和机械运输计划。根据工程任务量及劳动定额，计划出每道工序所需用的劳动量和总劳力，并确定劳力的来源、使用时间及具体的劳动组织形式。根据工程进度的需要，提出苗木、工具、材料的供应计划，包括用量、规格、型号、使用期限等。根据工程需要，提出所需用的机械、车辆，并说明所需机械、车辆的型号，日用台班数及具体使用日期。

5. 以设计预算为主要依据，根据实际工程情况、质量要求和当时市场价格，编制合理的施工预算。

6. 制定质量管理和保证措施。在施工中，除遵守当地统一的技术操作规程外，应提出本项工程的一些特殊要求及规定，确定质量标准及具体的成活率指标；实行技术交底和技术培训的方法；做到质量检查和验收。

7. 制定文明施工和安全保证措施。遵守安全操作规程；建立和健全安全施工组织；制定安全生产的检查、管理办法。

三、绿化施工的主要工序

1. 现场勘察

在了解工程概况之后，还要组织人员深入施工现场进行周密的调查，以了解施工现场的位置、现状，施工的有利和不利条件，以及影响施工进度的各种因素。

2. 场地清理

绿化工程用地边界确定之后，凡用地范围之内，有碍施工的建筑垃圾、房屋、非保留树木和其他杂物，在定点放线前都要进行清理。

3. 定点、放线

依据施工图，先放出规则式种植点线，后放出自然式种植点线；先放乔木，后放灌木，再放地被和草坪。确定具体的定点、放线方法（包括平面和高程），注明标记，保证栽植位置和品种准确无误，符合设计要求。

4. 刨坑

根据树种、苗木规格，确定刨树坑的规格（直径×深度）。为了便于施工中掌握，可以根据苗木大小分成几个级别，分别确定相应的树坑规格，进行编号，以便工人操作掌握。

5. 换土

根据现场勘查时调查的土质情况，确定是否需要换土。如需换土，应计算出客土量，客土的来源；换土的方法，成片换还是单坑换，还要确定渣土的处理去向。如果现场土质较好，只是混杂物较多，可以去渣添土，尽量减少客土量，保留一部分碎破瓦片有利于土壤通气。

6. 掘苗

确定具体树种的掘苗、包装方法，哪些树种带土球，土球规格，包装要求；哪些树种裸根掘苗，保留根系规格等。

7. 运苗

确定运苗方法，如用什么车辆和机械，行车路线，遮盖材料和方法及押运人，长途运苗还要提出具体要求。

8. 假植

确定假植地点、方法、时间、养护管理措施等。

9. 种植

确定不同树种和不同地段的种植顺序，是否施肥（如需施肥，应确定肥料种类、施肥方法及施肥量），苗木根部消毒的要求与方法。

10. 修剪

确定各种树苗的修剪方法（乔木应先修剪后种植，绿篱应先种植后修剪），修剪的高主和形式及要求等。

11. 立支柱

确定是否需要立支柱，立支柱的形式，立支柱的材料和方法。

12. 灌水

确定灌水的方式、方法、时间、灌水次数和灌水量，封堰或中耕的要求。

13. 清理现场

应作到文明施工，工完场净，清理现场的要求。

14. 其他有关技术措施

如灌水后发生倾斜要扶正，按着遮荫、喷雾、防治病虫害等方法和要求做好养护管理工作。

本章小结

理解和掌握绿化施工的相关术语，严格遵守绿化施工的操作技术规程和当地的有关规定。做好施工前的各项准备工作，按照绿化施工的工序，施工前确保定点和放线工作的准确无误，避免重复栽植所造成的人力、物力和财力的损失和浪费。做好苗木的运输和特殊情况下的假植工作，力争全面提高工程质量和景观效果。

复习与思考

1. 怎样理解绿化工程的含义，如何进行自然式种植和规则式种植的定点放样？
2. 绿化施工前应做好哪些准备工作？
3. 简述绿化施工的主要工序。

主要参考文献

1. 北京市农业学校. 植物及植物生理学. 北京：中国农业出版社，1993
2. 陈忠焕. 土壤肥料学. 南京：东南大学出版社，1992
3. 郭维明，毛龙生. 观赏园艺概论. 北京：中国农业出版社，2001
4. 何清正. 花卉生产新技术. 广东：广东科技出版社，1991
5. 江苏省苏州农业学校. 观赏植物栽培养护. 北京：中国农业出版社，2000
6. 江苏省苏州农业学校. 观赏植物病虫害及其防治. 北京：中国农业出版社，1991
7. 成海钟，蔡曾煜. 切花栽培手册. 北京：中国农业出版社，2000
8. 成海钟. 园林植物栽培养护. 北京：高等教育出版社，2002
9. 陈国元. 园艺设施. 北京：高等教育出版社，1999
10. 鲁涤非. 花卉学. 北京：中国农业出版社，1998
11. 吴志华. 花卉生产技术. 北京：中国林业出版社，2003
12. 胡长龙. 园林规划设计. 北京：中国农业出版社，1995
13. 吴涤新. 花卉应用与设计. 北京：中国农业出版社，1996
14. 田如男，祝遵凌. 园林树木栽培学. 南京：东南大学出版社，2001
15. 石宝琼. 园林树木栽培学. 北京：中国建筑工业出版社，1999

图 4-2-1 地肤

图 4-2-2 翠菊

图 4-2-3 福禄考

图 4-2-4 贝壳花

图 4-2-5 金鱼草

图 4-2-6 银边翠

图 4-2-7 紫茉莉

图 4-2-8 千日红

图 4-2-9 报春花

图 4-2-10 茑萝

图 4-2-11 美女樱

图 4-2-12 旱金莲

图4-2-13 雏菊

图4-2-14 紫罗兰

图4-2-15 落地生根

图4-2-16 金鸡菊

图4-2-17 铁线蕨

图4-2-18 芝麻花

图4-2-19 蛇鞭菊

图 4-2-20 豆瓣绿

图 4-2-21 芍药

图 4-2-22 桂竹香

图 4-2-23 落新妇

图 4-2-24 蜀葵

图 4-2-25 大丽花

图 4-2-26 风信子

图 4-2-27 番红花

图 4-2-29 马蹄莲

图 4-2-28 桔梗

图 4-2-30 沿阶草

图 4-2-31 紫菀

图4-2-32 满天星

图4-2-33 蜘蛛抱蛋

图4-2-34 百子莲

图4-2-35 白兰花

图4-2-36 六月雪

图4-2-36a 六月雪

图 4-2-37 朱蕉

图 4-2-38 黄蝉

图 4-2-39 袖珍椰子

图 4-2-40 一品红

图 4-2-41 变叶木

图 4-2-42 八仙花

图 4-2-43 虾衣花

图 4-2-44 迎春

图 4-2-45 贴梗海棠

图 4-2-46 红花檵木

图 4-2-47 千屈菜

图 4-2-48 凤眼莲

图 4-2-48a 凤眼莲